U0250296

高等学校机械工程类系列教材

机械制造技术 下册

主　编　王国顺　肖　华
副主编　戴锦春　李　伟

WUHAN UNIVERSITY PRESS
武汉大学出版社

图书在版编目(CIP)数据

机械制造技术. 下 / 王国顺, 肖华主编. —武汉: 武汉大学出版社, 2014.1
高等学校机械工程类系列教材
ISBN 978-7-307-11775-4

Ⅰ. 机… Ⅱ. ①王… ②肖… Ⅲ. 机械制造—高等学校—教材
Ⅳ. TH

中国版本图书馆 CIP 数据核字(2013)第 224180 号

责任编辑:谢文涛   责任校对:鄢春梅   版式设计:韩闻锦

出版发行:**武汉大学出版社** (430072 武昌 珞珈山)
(电子邮件:cbs22@whu.edu.cn 网址:www.wdp.whu.edu.cn)
印刷:武汉理工大印刷厂
开本:787×1092 1/16 印张:11.5 字数:271 字
版次:2014 年 1 月第 1 版   2014 年 1 月第 1 次印刷
ISBN 978-7-307-11775-4   定价:22.00 元

序

  机械工业是"四个现代化"建设的基础，机械工业涉及工业、农业，国防建设、科学技术以及国民经济建设的方方面面，机械工业专业人才的培养质量直接影响工业、农业、国防建设、科学技术的可持续发展，乃至影响国民经济的发展。高等学校是培养高新科学技术人才的摇篮，也是培养机械工程类专业高级人才的重要基础。但凡一所高等学校，学科建设、课程建设、教材建设应该是一项常抓不懈的工作，而教材建设是课程建设的重要内容，是教学思想与教学内容的重要载体，因此显得尤为重要。

  为了提高高等学校机械工程类课程教材建设水平，由武汉大学动力与机械学院和武汉大学出版社联合倡议、组建21世纪高等学校机械工程类，现代工业训练类系列教材编委会，在一定范围内，联合若干所高等学校合作编写机械工程类系列教材，为高等学校从事机械工程类教学和科研的教师，特别是长期从事教学具有丰富教学经验的一线教师搭建一个交流合作编写教材的平台，通过该平台，联合编写教材，交流教学经验，确保教材的编写质量，突出教材的基本特色，同时提高教材的编写与出版速度，有利于教材的不断更新，极力打造精品教材。

  本着上述指导思想，我们组织编撰出版了这套21世纪高等学校机械工程类系列教材和21世纪高等学校现代工业训练类系列教材，根据国家教育部机械工程类本科人才培养方案以及编委会成员单位(高校)机械工程类本科人才培养方案明确了高等学校机械工程类42种教材，以及高等学校现代工业训练类6卷27种教材为今后一个时期的出版工作规划，并根据编委会各成员单位(高校)的专业特色作了大致的分工，旨在努力提高高等学校机械工程类课程的教育质量和教材建设水平。

  参加高等学校机械工程类及现代工业训练类系列教材编委会的高校有：武汉大学、华中科技大学、桂林电子科技大学、香港理工大学、广西大学、华南理工大学、海军工程大学、湖北汽车工业学院、湖北工业大学、中国地质大学、武汉理工大学、华中农业大学、长江大学、三峡大学、武汉科技大学、武汉科技学院、江汉大学、清华大学、广东工业大学、东风汽车有限公司、中国计量学院、中国科技大学、扬州大学等20余所院校及工程单位。

  武汉大学出版社是被中共中央宣传部与国家新闻出版署联合授予的全国优秀出版社之一，在国内享有较高的知名度和社会影响力，武汉大学出版社愿尽其所能为国内高校的教学与科研服务。我们愿与各位朋友真诚合作，力争将该系列教材打造成为国内同类教材中的精品教材，为高等教育的发展贡献力量！

高等学校机械工程类及
现代工业训练类系列教材编委会
2011年1月

目　　录

第 1 章　金属切削机床概论

1.1　金属切削机床的基本知识

金属切削机床是采用切削(或特种加工)的方法将金属毛坯加工成所要求的几何形状、尺寸精度和表面质量的机械零件的机器,它是制造机器的机器,所以又称为"工作母机"或"工具机",习惯上简称为机床。

机床的"母机"属性决定了它在国民经济中的重要地位。在现代化的工业生产中,大量使用各种机器、仪器、仪表和工具等技术设备,这些技术设备都是由机械制造部门提供的。而在各类机械制造工厂中需要有各种加工金属零件的设备,包括铸造的、锻压的,焊接的、热处理的和切削加工的设备。由于机械零件的尺寸精度、形状精度、位置精度和表面质量等目前主要靠切削加工的方法来达到,所以,金属切削机床担负的工作量占机械制造总工作量的 40% ~60% 。在一般机械制造工厂拥有的技术设备中,机床占有相当大的比重,为 50% ~60% 。另一方面,机床的质量和技术水平直接影响机械产品的质量和劳动生产率。因此,一个国家生产的机床质量、技术水平、品种和产量,以及机床的拥有量是衡量整个工业水平的重要标准。

1.1.1　机床的分类、技术规格和型号

机床的类型与品种很多,为了机床使用和管理的方便,需要加以分类、编制型号和标明技术规格。

1. 机床的分类

机床分类的基本方法是,按照所用刀具、加工方法和加工对象的不同来划分。我国将机床分为十二类:车床、钻床、镗床、磨床、齿轮加工机床、螺纹加工机床、铣床、刨插床、拉床、特种加工机床、切断机床和其他机床。在每一类中又细分为若干组与若干型。其中,特种加工机床包括电加工机床、超声波加工机床、激光加工机床、电子束和离子束加工机床、水射流加工机床等;电加工机床又包括电火花加工、电火花线切割和电解加工等几种。

上述的基本分类方法是最主要的分类方法,此外,还可以按照机床其他特征来分类。

按照工艺范围大小(通用性程度),机床可以分为三类:

(1)通用机床。这类机床工艺范围较广,万能性大,可以完成多种工件加工工序。这类机床适用于工件多变的单件和小批生产,机床的传动与结构较复杂。例如普通车床、摇臂钻床、万能外圆磨床等。

(2)专门化机床。这类机床用于完成同一类型但尺寸不同的工件,加工中的一种或几

种特定工序。例如凸轮轴车床、车轮车床、轧辊磨床等。

（3）专用机床。这类机床专门用于完成某一种工件加工中的一种或几种固定不变的工序。例如汽车、拖拉机、轴承等大批大量生产中，为某些零件特定工序专门设计制造的机床。其中组合机床就是一种专用机床，这类机床自动化程度和生产率都高。

数控机床是计算机技术、微电子技术、先进的机床设计和制造技术相结合的产物，适用于对要求精密、形状复杂和多品种产品的加工。它是一种高效率、高柔性化的自动化机床，代表了金属切削机床的发展方向。加工中心又称为自动换刀数控机床，它是一种具有刀库和自动换刀的装置，能够自动更换刀具，对一次装夹的工件进行多工位、多工序加工的数控机床。

按照机床加工精度不同，同一种机床中可分为普通精度、精密和高精度三种等级。

按照机床的重量和尺寸不同，可以分为：仪表机床、中型机床、大型机床和重型机床。一般机床重量达到10t的为大型机床，重量在30t以上的为重型机床，重量在100t以上的则称超重型机床。

上述几种分类方法，是由于分类的目的和依据不同而提出来的。通常，机床是按照加工方式（如车、钻、刨、铣、磨等）及某些辅助特征来进行分类的。例如，多轴自动车床，就是以车床为基本类型，再加上"多轴"、"自动"等辅助特征，以区别于其他种类车床。

2. 机床的技术规格

机床的技术规格是表示机床工作能力和尺寸大小的数据，一般包括下列参数：

（1）主参数和第二主参数；

（2）主要工作部件移动行程范围；

（3）主运动、进给运动的变速范围及变速级数，快速运动速度；

（4）主电动机功率和进给电动机功率；

（5）机床的外形尺寸；

（6）机床重量。

主参数是反映机床最大工作能力的一个主要参数，它直接影响机床的其他参数和基本结构的大小。主参数一般以机床加工的最大工件尺寸或与此有关的机床部件尺寸来表示。例如，普通车床为床身上最大工件回转直径；钻床为最大钻孔直径；外圆磨床为最大磨削直径，卧式镗床为镗轴直径；升降台铣床及龙门铣床为工作台工作面宽度；龙门刨床为最大刨削宽度；插床及牛头刨床为最大加工长度；齿轮加工机床为最大工件直径等。有些机床的主参数不用尺寸表示，例如，拉床的主参数为最大拉力。

有些机床，为了更完整地表示其工作能力和尺寸大小，还规定有第二主参数。例如，普通车床为最大工件长度；摇臂钻床为主轴轴线至立柱导轨面之间的跨距；龙门铣床及龙门刨床为最大加工长度；外圆磨床为最大磨削长度；齿轮加工机床为最大加工模数；多轴自动车床为主轴数等。

3. 机床的型号

机床的名称往往十分冗长，书写和称呼都很不方便。如果按照一定的规律赋予每种机床一个代号（即型号），就会使管理和使用机床方便得多。

机床的型号是用一个简明的代号来表示机床的类别、型式、主参数、性能和结构特点。我国机床的型号目前是按《GB/T15375—1994 金属切削机床型号编制方法》编制的，该标准规定机床型号由若干汉语拼音字母和阿拉伯数字组成。例如，MG1432A 的含义如下：

机床类别代号：　　　　　M　　磨床
机床通用特性代号：　　　G　　高精密
机床组别代号：　　　　　1　　外圆磨床组
机床系别代号：　　　　　4　　万能外圆磨床系
主参数代号：　　　　　　32　　最大磨削直径320mm
重大改进顺序号：　　　　A　　第一次重大改进

1.1.2　机床的基本要求

机床作为机械制造的工作母机，它的性能与技术水平直接关系到机械制造产品的质量与成本，关系到机械制造的劳动生产率。因此，机床首先应满足使用方面的要求，其次应考虑机床制造方面的要求。这两方面的基本要求，简述如下：

1. 工作精度良好

机床的工作精度是指加工零件的尺寸精度、形状精度和表面粗糙度。根据机床的用途和使用场合，各种机床的精度标准都有相应的规定。尽管各种机床的精度标准不同，但是，评价一台机床的质量都是以机床工作精度作为最基本的要求。机床的工作精度不仅取决于机床的几何精度与传动精度，还受机床弹性变形、热变形、振动、磨损以及使用条件等许多因素的影响。这些因素涉及机床的设计、制造和使用等方面的问题。

对机床的工作精度不但要求具有良好的初始精度，而且要求具有良好的精度保持性，就是要求机床的零部件具有较高的可靠性和耐磨性，使机床有较长的使用期限。

2. 生产率和自动化程度要高

机床生产率常用单位时间内加工工件数量来表示。机床生产率是反映机械加工经济效益的一个重要指标，在保证机床工作精度的前提下，应尽可能提高机床生产率。要提高机床生产率，必须减少切削加工时间和辅助时间。前者在于增大切削用量或采用多刀切削，并相应地增加机床的功率和提高机床的刚度和抗振性，后者在于提高机床自动化程度。

提高机床自动化程度的另一目的，就是改善劳动条件以及加工过程不受操作者的影响使加工精度保持稳定。因此，机床自动化是机床发展趋向之一，特别是对大批大量生产的机床和精度要求高的机床，提高机床自动化程度更为重要。

3. 噪声要小、传动效率要高

机床噪声是危害人们身心健康、影响正常工作的一种环境污染。机床传动机构的运转，某些结构的不合理以及切削过程都将产生噪声，尤其是速度高、功率大和自动化的机床更为严重。所以，现代机床噪声的控制应予以十分重视。

机床的传动效率反映了输入功率的利用程度，也反映了空转功率的消耗和机构运转的摩擦损失。摩擦功变为热而引起热变形，对机床工作精度很不利。高速运转的零件和机构越多，空转功率也越大，同时产生噪声也越大。为了节省能源、保证机床工作精度和降低机床噪声，应当设法提高机床的传动效率。

4. 操作要安全方便

机床的操作应当方便省力和安全可靠，操纵机床的动作应符合习惯不易发生误操作，以减轻工人紧张程度，保证工人与机床的安全。

5. 制造和维修方便

在满足使用方面要求的前提下，应力求机床结构简单，零部件数量少，结构的工艺性好，便于制造和维修。机床结构的复杂程度和工艺性决定了机床的制造成本，在保证机床工作精度和生产率的要求下，应设法降低成本提高经济效益。此外，还应力求机床的造型新颖，外形与色彩美观大方。

1.1.3 机床的分析方法

虽然机床品种繁多，结构各异，但是，一般可按照下列步骤了解和分析机床：

(1)了解机床的功能和主要技术参数，包括机床适用于加工那些类型的零件和什么形状的表面，可加工零件的尺寸范围和能达到的加工精度与表面质量；

(2)根据机床可加工零件的形状与所用的刀具，分析机床需要哪些运动；

(3)为了实现所需的运动，分析机床上必须具备哪些传动链、机构与部件，

(4)了解机床的总体布局、主要部件的构造、机床的调整计算和操作使用。

简言之，根据在机床上加工的各种表面和使用的刀具类型，分析得到这些表面的方法和所需的运动。在此基础上，分析为了实现这些运动，机床必须具备的传动联系，实现这些传动的机构以及机床运动的调整方法。这个机床运动分析过程是认识和分析机床的基本方法，其次序为"表面—运动—传动—机构—调整"。

1.2 普通车床

使用单刀刀具以车削方法形成工件内、外回转表面为主要功能的机床，称为车床。由于很多机械零件(如轴类、套筒类和盘类等零件)都具有回转表面，它们大都需要用车床来加工，因此，车床是机械制造中使用最广泛的一类机床。

为适应不同的加工要求，车床有卧式车床、立式车床、转塔车床、自动和半自动车床、专门化和专用车床等不同型式。

1.2.1 普通车床的功能和运动

1. 加工表面

车床类机床主要用于加工各种回转表面，如内外圆柱表面、圆锥表面、成形回转表面和回转体的端面等，有些车床还能加工螺纹面。由于多数机器零件具有回转表面，车床的通用性又较广，因此在机器制造厂中，车床的应用极为广泛，在金属切削机床中所占的比重最大，占机床总台数的20% ~35%。

2. 所需运动

为了加工出所要求的工件表面，必须使刀具和工件实现一系列运动。如图1-1所示。

(1)工件的转动。这是车床的主运动，其转速较高，消耗机床功率的主要部分。

(2)刀具的移动。这是车床的进给运动。刀具可做平行于工件旋转轴线的纵向进给运动(车圆柱表面)或做垂直于工件旋转轴线的横向进给运动(车端面)，也可做与工件旋转轴线倾斜一定角度的斜向运动(车圆锥表面)或做曲线运动(车成形回转表面)。进给量 f

常以主轴每转刀具的移动量计，即 mm/r。

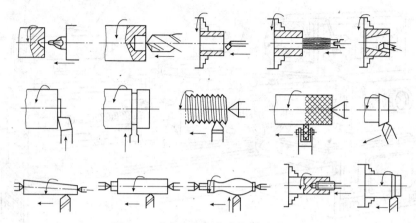

图 1-1　卧式车床所能完成的典型加工

车削螺纹时，只有一个复合的主运动——螺旋运动。它可以被分解为两部分：主轴的旋转和刀具的移动。

除了成形运动之外，为了将毛坯加工到所需要的尺寸，普通车床还应有切入运动(吃刀运动)，即刀具相对工件切入一定深度，以使工件达到所需的尺寸。如果加工余量较大，需分几次切削时，则切入运动也需在车削过程中实现。为了实现刀具快速的趋近和退出，有的车床还有刀架纵、横向的机动快移，重型车床还有尾架的机动快移。工件及刀具的装夹和松开，刀架的转位等均与切削无直接关系，这些运动统称为辅助运动。

1.2.2　CA6140 型普通车床的组成和主要参数

1. 组成部件

卧式车床的加工对象，主要是轴类和直径不太大的盘类零件，故采用卧式布局。为了适应右手操作的习惯，主轴箱布置在左端。图 1-2 是卧式车床的外形图，其主要组成部件及功用如下。

(1)主轴箱。主轴箱 1 固定在床身 4 的左端，内部装有主轴和变速及传动机构。工件通过卡盘等夹具装夹在主轴前端。主轴箱的功用是支承主轴并把动力经变速传动机构传给主轴，使主轴带动工件按规定的转速旋转，以实现主运动。

(2)刀架。刀架 2 可沿床身 4 上的刀架导轨做纵向移动。刀架部件由几层组成，它的功用是装夹车刀，实现纵向、横向或斜向运动。

(3)尾座。尾座 3 安装在床身 4 右端的尾座导轨上，可沿导轨纵向调整其位置。它的功用是用后顶尖支承长工件，也可以安装钻头、铰刀等孔加工刀具进行孔加工。

(4)进给箱。进给箱 10 固定在床身 4 的左端前侧。进给箱内装有进给运动的变换机构，用于改变机动进给的进给量或所加工螺纹的导程。

(5)溜板箱。溜板箱 8 与刀架 2 的最下层——纵向溜板相连，与刀架一起做纵向运动，功用是把进给箱传来的运动传递给刀架，使刀架实现纵向和横向进给、快速移动或车螺纹。溜板箱上装有各种操纵手柄和按钮。

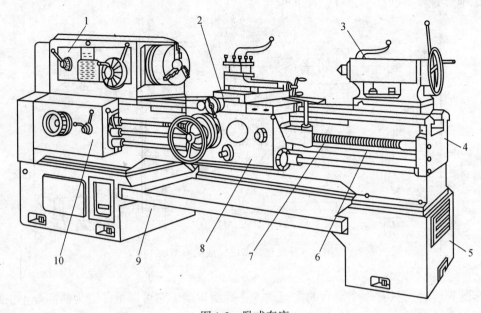

图 1-2　卧式车床

（6）床身。床身 4 固定在左右床腿 9 和 5 上。在床身上安装着车床的各个主要部件，使它们在工作时保持准确的相对位置或运动轨迹。

2. 主要参数

普通车床的主参数是"床身上最大工件回转直径"，第二主参数是"最大工件长度"。这两个参数表明车床加工工件的最大极限尺寸，同时也反映了机床的大小和重量。因为主参数决定了主轴轴心线距离床身导轨的高度，第二主参数决定了床身的长度。例如，CA6140 型普通车床的主参数为床身上最大工件回转直径 400mm，但加工较长的轴、套类工件时，由于工件最大直径受到横溜板的限制，因此"刀架上最大工件回转直径"为 210mm，这也是一项重要的尺寸参数。CA6140 型普通车床一般做成四种不同的长度，即最大工件长度为 750、1000、1500、2000mm，以适应不同需要，供用户选用，其中最常用是 1000mm。显然，最大工件长度不同，机床的床身、丝杠和光杠的长度也相应地不同，而其他部件则可以通用。

1.2.3　CA6140 型普通车床的传动链

1.2.3.1　传动系统图

为了便于了解和分析机床的运动和传动情况，通常应用机床的传动系统图。机床的传动系统图是表示机床全部运动传动关系的示意图。在图中用简单的规定符号代表各种传动元件，各齿轮数字表示齿数。规定符号详见国家标准 GB4460—84《机械制图——机动示意图中的规定符号》。机床的传动系统图画在一个能反映机床基本外形和各主要部件相互位置的平面上，并尽可能绘制在机床外形的轮廓线内。各传动元件应尽可能按运动传递的顺序安排。该图只表示传动关系，不代表各传动元件的实际尺寸和空间位置。图 1-3 是CA6140 型普通车床的传动系统图。

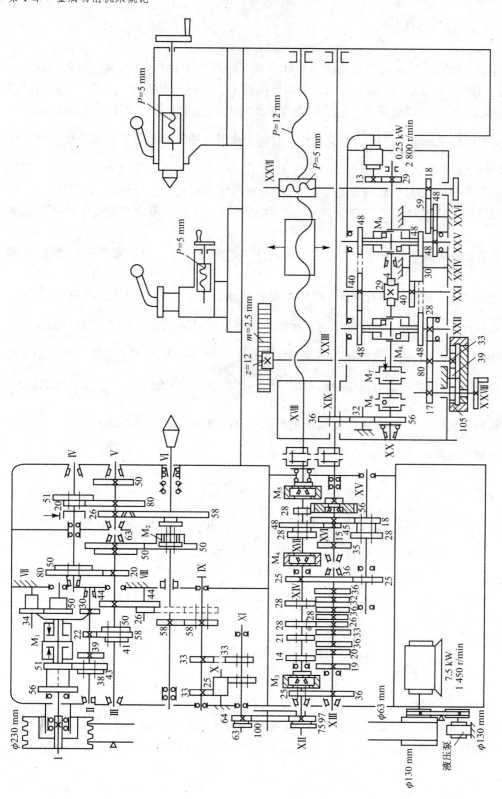

图1-3　CA6140型卧式车床传动系统图

1.2.3.2 主运动传动链

1. 传动路线

主运动传动链的两末端件是主电动机和主轴。运动由电动机(7.5kW，1450r/min)经 V 带轮传动副 φ130mm/φ230mm 传至主轴箱中的轴 I 。在轴 I 上装有双向多片摩擦离合器 M_1，使主轴正转、反转或停止。它是传动的主换向机构。当压紧离合器 M_1 左部的摩擦片时，轴 I 的运动经齿轮副 $\frac{56}{38}$ 或 $\frac{51}{43}$ 传给轴 II，使轴 II 获得两种转速。压紧右部摩擦片时，经齿轮 50(数字表示齿数)、轴 VII 上的空套齿轮 34 传给轴 II 上的固定齿轮 30。这时轴 I 至轴 II 间多一个中间齿轮 34，故轴 II 的转向与经 M_1 左部传动时相反。反转转速只有一种。当离合器处于中间位置时，左、右摩擦片都没有被压紧。轴 I 的运动不能传至轴 II，主轴停转。

轴 II 的运动可通过轴 II、III 间三对齿轮的任一对传至轴 II，故轴 III 正转共 $2 \times 3 = 6$ 种转速。

主运动由轴 III 传往主轴有两条路线：①高速传动路线。主轴上的滑移齿轮 50 移至左端，使之与轴 II 上右端的齿轮 63 啮合。运动由轴 III 经齿轮副 $\frac{63}{50}$ 直接传给主轴，得到 450～1400r/min 的 6 种高转速。②低速传动路线。主轴上的滑移齿轮 z_{50} 移至右端，使主轴上的齿式离合器 M_2 啮合。轴 III 的运动经齿轮副 $\frac{20}{80}$ 或 $\frac{50}{50}$ 传给轴 IV、又经齿轮副 $\frac{20}{80}$ 或 $\frac{51}{50}$ 传给轴 V、再经齿轮副 $\frac{26}{58}$ 和齿式离合器 M_2 传至轴使主轴获得 10～500r/min 的低转速。

主运动传动系统可用传动路线表达式表示如下：

$$
主电动机 - \frac{\phi130mm}{\phi230mm} - I - \left\{ \begin{array}{l} M_1(左) \\ (正转) \end{array} - \left\{ \begin{array}{c} \frac{56}{38} \\ \frac{51}{43} \end{array} \right\} \quad \begin{array}{l} M_1(右) \\ (反转) \end{array} - \frac{50}{34} - VII - \frac{34}{30} \right\} - II - \left\{ \begin{array}{c} \frac{39}{41} \\ \frac{30}{50} \\ \frac{22}{58} \end{array} \right\}
$$

$$
III - \left\{ \begin{array}{c} \frac{63}{50} \\ \left\{ \begin{array}{c} \frac{20}{80} \\ \frac{50}{50} \end{array} \right\} - IV - \left\{ \begin{array}{c} \frac{20}{80} \\ \frac{51}{50} \end{array} \right\} - V - \frac{26}{58} - M_2(右移) \end{array} \right\} - VI(主轴)
$$

2. 主轴转速级数

由传动系统图和传动路线表达式可以看出，主轴正转时，可得 $2 \times 3 = 6$ 种高转速和 $2 \times 3 \times 2 \times 2 = 24$ 种低转速。轴 III—IV—V 之间的 4 条传动路线的传动比为

$$i_1 = \frac{20}{80} \times \frac{20}{80} = \frac{1}{16} \qquad i_2 = \frac{20}{80} \times \frac{51}{50} \approx \frac{1}{4}$$

$$i_3 = \frac{50}{50} \times \frac{20}{80} \approx \frac{1}{4} \qquad i_4 = \frac{50}{50} \times \frac{51}{50} \approx 1$$

式中：i_2 和 i_3 基本相同，所以实际上只有 3 种不同的传动比。因此，运动经由低速这条传动路线时，主轴实际上只能得到 $2\times3\times(2\times2-1)=18$ 级转速。加上由高速路线传动获得的 6 级转速，主轴总共可以获得 $2\times3\times[1+(2\times2-1)]=6+18=24$ 级转速。

同理，主轴反转时，有 $3\times[1+(2\times2-1)]=12$ 级转速。

3. 主轴转速计算

主轴的各级转速，可根据各滑移齿轮的啮合状态求得。如图 1-3 中所示的啮合位置时，主轴的转速为

$$n_{主}=1450\times\frac{130}{230}\times\frac{56}{38}\times\frac{22}{58}\times\frac{50}{50}\times\frac{63}{50}\approx577\text{r/min}$$

1.2.3.3　进给运动传动链

进给传动链是实现刀架纵向或横向移动的传动链。卧式车床在切削螺纹时，进给传动链是内联系传动链。主轴每转刀架的移动量应等于螺纹的导程。在切削圆柱面和端面时，进给传动链是外联系传动链。进给量也以每转刀架的移动量计。因此，在分析进给链时，都把主轴和刀架当做传动链的两端。

1. 传动链组成

CA6140 型普通车床进给传动链的组成，将传动系统图 1-3 中进给传动部分画成方框图 1-4 来表示更为清晰。

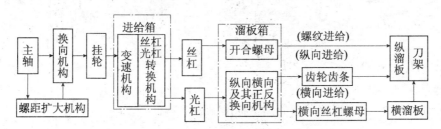

图 1-4　CA6140 型普通车床进给传动链组成框图

进给传动共有三条传动链：实现螺纹进给运动的螺纹进给传动链，实现纵向进给运动的纵向进给传动链和实现横向进给运动的横向进给传动链。三条传动链都是以主轴为始端件，以刀架为末端件。

由于三条传动链都是实现直线的进给运动，因此它们的末端传动都是将旋转运动转变为直线运动的机构：纵向丝杠与开合螺母机构、床身上的齿条齿轮机构及横向丝杠螺母机构。

从主轴至进给箱的一段传动是三条传动链的公用部分。在进给箱之后有两条分支：丝杠传动分支实现螺纹进给运动；光杠传动分支经过溜板箱之后又分为两支，分别实现纵向进给和横向进给运动。

整个进给传动链有两个换向机构：一个在主轴至挂轮之间，另一个在溜板箱内。传动链中两个换向机构的功用是：主轴至挂轮之间的换向机构用于车削左、右螺纹，即在主轴正转时，利用此换向机构改变刀架向左或向右运动，分别车削右螺纹或左螺纹。溜板箱内的换向机构只能改变一般车削纵向进给和横向进给运动的方向。

2. 螺纹进给传动链

CA6140 型车床可车削米制、时制、模数制和径节制四种标准的常用螺纹；此外，还可以车削大导程、非标准和较精密的螺纹。既可以车削右螺纹，也可以车削左螺纹。进给传动链的作用，在于能得到上述四种标准螺纹。

螺纹传动链的传动路线表达式如下：

$$\text{主轴 VI} \begin{cases} \dfrac{58}{26} \text{V} - \dfrac{80}{20} \text{IV} \begin{cases} \dfrac{58}{58} \\ \text{（正常导程）} \\ \begin{Bmatrix} \dfrac{50}{50} \\ \dfrac{80}{20} \end{Bmatrix} \\ \text{（扩大导程）} \end{cases} - \text{III} - \dfrac{44}{44} \text{VIII} - \dfrac{26}{58} \end{cases} - \text{IX} \begin{cases} \dfrac{33}{33} \text{（右螺纹）} \\ \dfrac{33}{25} \text{XI} - \dfrac{25}{33} \text{（左螺纹）} \end{cases}$$

$$- \begin{cases} \dfrac{63}{100} \text{VII} - \dfrac{100}{75} \text{（公、英制螺纹）} \\ \dfrac{64}{100} \text{XII} - \dfrac{100}{97} \text{（模数、径节螺纹）} \end{cases} \text{XIII} - \begin{cases} \dfrac{25}{36} - \text{XIV} - i_{\text{基}} - \text{XV} - \dfrac{25}{36} - \dfrac{36}{25} \text{（公制及模数螺纹）} \\ M_3 \text{合} - \text{XV} - \dfrac{1}{i_{\text{基}}} - \text{XIV} - \dfrac{36}{25} \text{（英制及径节螺纹）} \end{cases} \text{XVI} - i_{\text{倍}}$$

$$\begin{cases} \dfrac{a}{b} \dfrac{c}{d} - \text{XIII} - M_3 \text{合} - \text{XV} - M_4 \text{合} \\ \text{（非标准螺纹）} \end{cases} - \text{XVIII} - M_5 \text{合} - \text{XIX}$$

（1）米制螺纹　米制螺纹导程的国家标准见表 1-1。

表 1-1		标准米制螺纹导程			mm
	1	—	1.25	—	1.5
0.75	2	2.25	2.5	—	3
0.5	4	4.5	5	5.5	6
	8	9	10	11	12

可以看出，表中的每一行都是按等差数列排列的，行与行之间成倍数关系。

车削米制螺纹时，进给箱中的离合器 M_3 和 M_4 脱开，M_6 接合。挂轮架齿数为 63—100——75。运动进入进给箱后，经移换机构的齿轮副 25/36 传至轴 XIV，再经过双轴滑移变速机构的齿轮副 19/14、20/14、36/21、33/21、26/28、28/28、36/28 及 32/28 中的任一对传至轴 XV，然后再由移换机构的齿轮副 25/36×36/25 传至轴 XVI，接下去再经轴 XVI ~ XVIII间的两组滑移变速机构，最后经离合器 M_5 传至丝杠 XIX。溜板箱中的开合螺母闭合，带动刀架。

其中轴 XIX ~ XV 之间的变速机构可变换 8 种不同的传动比：

$$i_{基1} = \frac{26}{28} = \frac{6.5}{7} \qquad i_{基5} = \frac{19}{14} = \frac{9.5}{7}$$

$$i_{基2} = \frac{28}{28} = \frac{7}{7} \qquad i_{基6} = \frac{20}{14} = \frac{10}{7}$$

$$i_{基3} = \frac{32}{28} = \frac{8}{7} \qquad i_{基7} = \frac{33}{21} = \frac{11}{7}$$

$$i_{基4} = \frac{36}{28} = \frac{9}{7} \qquad i_{基8} = \frac{36}{21} = \frac{12}{7}$$

即 $i_{基j} = s_j/7$，$s_j = 6.5$，7，8，9，9.5，10，11，12。这些传动比的分母相同，分子则除 6.5 和 9.5 用于其他种类的螺纹外，其余的按等差数列排列，相当于米制螺纹标准的最后一行。这套变速机构称为基本组。

在轴XVI到XIII之间共有 4 种不同的传动比，它们是：

$$i_{倍1} = \frac{18}{45} \times \frac{15}{48} = \frac{1}{8} \qquad i_{倍3} = \frac{18}{45} \times \frac{35}{28} = \frac{1}{2}$$

$$i_{倍2} = \frac{28}{35} \times \frac{15}{48} = \frac{1}{4} \qquad i_{倍4} = \frac{28}{35} \times \frac{35}{28} = 1$$

上述 4 种传动比成倍数关系，简称增倍组。

车削米制(右旋)螺纹的运动平衡式为

$$S = 1_{(主轴)} \times \frac{58}{58} \times \frac{33}{33} \times \frac{63}{100} \times \frac{100}{75} \times \frac{25}{36} \times i_{基} \times \frac{25}{36} \times \frac{36}{25} \times i_{倍} \times 12 \, (\text{mm})$$

式中：$i_{基}$——基本组的传动比；

$i_{倍}$——增倍组的传动比。

将上式简化后可得

$$S = 7 i_{基} \, i_{倍} = 7 \times \frac{s_j}{7} i_{倍} = s_j i_{倍} \tag{1-1}$$

选择 $i_{基}$ 和 $i_{倍}$ 之值，就可以得到各种标准米制螺纹的导程 S。S_j 最大为 12，$i_{倍}$ 最大为 1，故能加工的最大螺纹导程为 $S = 12$ mm。如需车削导程更大的螺纹，可将轴IX上的滑移齿轮 58 向右移，与轴VIII上的齿轮 26 啮合。这是一条扩大导程的传动路线。

$$主轴 VI — \frac{58}{26} — V — \frac{80}{20} — IV — \begin{bmatrix} \frac{50}{50} \\ \frac{80}{20} \end{bmatrix} — III — \frac{44}{44} — VIII — \frac{26}{58} — IX — \cdots$$

轴IX以后的传动路线与前文传动路线表达式所述相同。从主轴VI～IX的传动比为

$$i_{扩1} = \frac{58}{26} \times \frac{80}{20} \times \frac{50}{50} \times \frac{44}{44} \times \frac{26}{58} = 4$$

$$i_{扩2} = \frac{58}{26} \times \frac{80}{20} \times \frac{80}{20} \times \frac{44}{44} \times \frac{26}{58} = 16$$

扩大螺纹导程机构的传动齿轮就是主传动的传动齿轮，所以：只有当主轴上的 M_2 合上，即主轴处于低速状态时，才能用扩大导程。当轴III—VI—V之间的传动比为 $\frac{20}{80} \times \frac{50}{50}$ = $\frac{1}{4}$ 时；$i_{扩1} = 4$，导程扩大 4 倍时；当传动比为 $\frac{20}{80} \times \frac{20}{80} = \frac{1}{16}$ 时，$i_{扩2} = 16$，导程扩大至 16 倍。

因此，当主轴转速确定后，螺纹导程能扩大的倍数也就确定了。

（2）模数螺纹。模数螺纹主要是米制蜗杆，有时某些特殊丝杠的导程也是模数制的。米制蜗杆的齿距为 $T_m = \pi m$，所以模数螺纹的导程为 $S_m = KT_m = K\pi m$，这里 K 为螺纹的线数。

模数 m 的标准值也是按等差数列的规律排序的。与米制螺纹不同的是，在模数螺纹导程 $S_m = K\pi m$ 中含有特殊因子 π。为此，车削模数螺纹时，挂轮需换为 $\dfrac{64}{100} \times \dfrac{100}{97}$。其余部分的传动路线与车削米制螺纹时完全相同。运动平衡式：

$$S_m = 1_{r(主轴)} \times \frac{58}{58} \times \frac{33}{33} \times \frac{64}{100} \times \frac{100}{97} \times \frac{25}{36} \times i_基 \times \frac{25}{36} \times \frac{36}{25} \times i_倍 \times 12 (\text{mm})$$

式中：$\dfrac{64}{100} \times \dfrac{100}{97} \times \dfrac{25}{36} \approx \dfrac{7\pi}{48}$。代入化简后得

$$S_m = \frac{7\pi}{4} i_基 \, i_倍 \tag{1-2}$$

因为 $S_m = K\pi m$，从而得

$$m = \frac{7}{4K} i_基 \, i_倍 = \frac{1}{4K} S_i i_倍 \tag{1-3}$$

改变 $i_基$ 和 $i_倍$，就可以车削出各种标准模数螺纹。如应用扩大螺纹导程机构，也可以车削出大导程的模数螺纹。

（3）时制螺纹在采用英制的国家（如英、美、加拿大等）中应用广泛。我国的部分管螺纹目前也采用时制螺纹。

时制螺纹以每寸长度上的螺纹扣数 a（扣/英寸）表示，因此时制螺纹的导程 $S_a = \dfrac{1}{a}$ 英寸。由于这台车床的丝杠是米制螺纹，被加工的时制螺纹也应换算成以毫米为单位的相应导程值，即

$$S_a = \frac{1}{a}(\text{in}) = \frac{25.4}{a}(\text{mm}) \tag{1-4}$$

a 的标准值也是按等差数列的规律排列的，所以时制螺纹的导程的分母为分段等差级数。此外，还有特殊因子 25.4。车削时制螺纹时，应对传动路线作如下改动：

①将基本组两轴（轴ⅩⅤ和ⅩⅨ）的主、被动关系对调，使轴ⅩⅤ变为主动轴，轴ⅩⅨ变为被动轴，就可使分母为等差级数。

②在传动链中实现特殊因子 25.4。

为此，将进给箱中的离合器 M_3 和 M_5 接合，M_4 脱开，轴ⅩⅥ左端的滑移齿轮 25 移至左面位置，与固定在轴ⅩⅣ上的齿轮 36 相啮合。运动由轴Ⅹ重经 M_3 先传到轴ⅩⅤ，然后传至轴ⅩⅨ，再经齿轮副 $\dfrac{36}{25}$ 传至轴ⅩⅥ。其余部分的传动路线与车削米制螺纹时相同。车削时制螺纹时传动路线表达式读者可自行写出，其运动平衡式为

$$S_a = 1_{r(主轴)} \times \frac{58}{58} \times \frac{33}{33} \times \frac{63}{100} \times \frac{100}{75} \times \frac{1}{i_基} \times \frac{36}{25} \times i_倍 \times 12 (\text{mm})$$

其中
$$\frac{63}{100}\times\frac{100}{75}\times\frac{36}{25}=\frac{63}{75}\times\frac{36}{25}\approx\frac{25.4}{21}$$

$$S_a\approx\frac{25.4}{21}\times\frac{1}{i_{基}}\times i_{倍}\times12=\frac{4}{7}\times25.4\frac{i_{倍}}{i_{基}}(\text{mm})$$

$$S_a=\frac{25.4}{a},\quad\frac{25.4}{a}=\frac{4}{7}\times25.4\times\frac{i_{倍}}{i_{基}}$$

故
$$a=\frac{7}{4}\frac{i_{基}}{i_{倍}}(\text{扣/in}) \tag{1-5}$$

改变 $i_{基}$ 和 $i_{倍}$，就可以车削出各种标准的时制螺纹。

(4)径节螺纹。径节螺纹主要是英制蜗杆。它是用径节 DP 来表示的。径节 $DP=\frac{z}{d}$。

(z 为齿轮齿数；d 为分度圆直径，in)，即蜗轮或齿轮折算到每 1 英寸分度圆直径上的齿数。英制蜗杆的轴向齿距即径节螺纹的导程为

$$S_{DP}=\frac{\pi}{DP}(\text{in})=\frac{25.4\pi}{DP}(\text{mm}) \tag{1-6}$$

径节 DP 也是按分段等差数列的规律排列的。径节螺纹导程排列的规律与时制螺纹相同，只是含有特殊因子 25.4π。车削径节螺纹时，传动路线与车削时制螺纹时完全相同，但挂轮需换为 $\frac{64}{100}\times\frac{100}{97}$，它和移换机构轴 XIX—XVI 间的齿轮副 $\frac{36}{25}$ 组合，得到传动比值：

$$\frac{64}{100}\times\frac{100}{97}\times\frac{36}{25}=\frac{25.4\pi}{84}$$

综上所述：车削米制和模数螺纹时，使轴 XIX 主动，轴 XV 被动；车削英制和径节螺纹时，使轴 XV 主动，轴 XIX 被动。主动轴与被动轴的对调是通过轴 XII 左端齿轮 25(向左与轴 XIX 上的齿轮 36 啮合，向右则与轴 XV 左端的 M_3 形成内、外齿轮离合器)和轴 XVI 左端齿轮 25 的移动(分别与轴 XIX 右端的两个齿轮 36 啮合)来实现的。这两个齿轮由同一个操纵机构控制，使它们反向联动，以保证其中一个在左面位置时，另一个在右面位置。轴 XIII ~ XIX 间的齿轮副 $\frac{25}{36}$、离合器 M_3、轴 XV—XIX—XVI 间的齿轮 25—36—25(这个齿轮 36 是空套在轴 XIX 上的)和轴 XIX ~ XVI 间的 36/25(这个齿轮 36 是固定在轴 XIX 上的)称为移换机构。

车削米制和时制螺纹时，挂轮架齿轮为 63—100—75，车削模数和径节螺纹(米制和英制蜗杆)时，挂轮架齿轮为 64—100—97。

(5)非标准螺纹。车削非标准螺纹时，不能用进给变速机构。这时，可将离合器 M_3，M_4 和 M_5 全部啮合，把轴 XII、XV、XVII 和丝杠联成一体，使运动由挂轮直接传动丝杠。被加工螺纹的导程 S 依靠调整挂轮架的传动比来实现。

3. 纵向横向进给传动链

(1)传动路线。为了减少丝杠的磨损和便于操纵，机动进给是由光杠经溜板箱传动的。这时，将进给箱中的离合器 M_5 脱开，使轴 XVII 的齿轮 28 与轴 XX 左端的 56 相啮合。运动由进给箱传至光杠 XX，再经溜板箱中的齿轮副 $\frac{36}{32}\times\frac{32}{56}$、超越离合器及安全离合器 M_8、轴 XXII、蜗杆蜗轮副 $\frac{4}{29}$ 传至轴 XXIII。运动由轴 XXIII 经齿轮副 $\frac{40}{48}$ 或 $\frac{40}{30}\times\frac{30}{48}$、双向离合器 M_6、轴

XXIX、齿轮副$\frac{28}{80}$、轴XXV传至小齿轮12。小齿轮12与固定在床身上的齿条相啮合。小齿轮转动时,就使刀架使做纵向机动进给以车削圆柱面。若运动由轴XXIII经齿轮副$\frac{40}{48}$或$\frac{40}{30}\times\frac{30}{48}$、双向离合器$M_7$、轴XXVIII及齿轮副$\frac{48}{48}\times\frac{59}{18}$传至横进给丝杠XXX,就使横刀架做横向机动进给以车削端面。其传动路线表达式如下:

$$\cdots \text{XVIII} \dfrac{28}{56} \text{XX} \dfrac{36}{32} \text{XXI} \dfrac{32}{56} \text{XXII} \dfrac{4}{29} \text{XXIII} -$$

$$\text{快移电动机(250W,2800r/min)} \dfrac{18}{24}$$

$$-\begin{bmatrix} \begin{bmatrix} M_6 \uparrow \dfrac{40}{48} \\[2mm] M_6 \downarrow \dfrac{40}{30}\times\dfrac{30}{48} \end{bmatrix} - \text{XXIV} - \dfrac{28}{80} - \text{XXV} - z_{12}/\text{齿条} \\[8mm] \begin{bmatrix} M_7 \uparrow \dfrac{40}{48} \\[2mm] M_7 \downarrow \dfrac{40}{30}\times\dfrac{30}{48} \end{bmatrix} - \text{XXVIII} - \dfrac{48}{48} - \text{XXIX} - \dfrac{59}{18} - \text{横向丝杠 XXX} \end{bmatrix}$$

(2)纵向机动进给量　CA6140型车床纵向机动进给量有64种。当运动由主轴经正常导程的米制螺纹传动路线时,可获得正常进给量。这时的运动平衡式为

$$f_{纵} = 1_{r(主轴)} \times \frac{58}{58} \times \frac{33}{33} \times \frac{63}{100} \times \frac{100}{75} \times \frac{25}{36} \times i_{基} \times \frac{25}{36} \times \frac{36}{25} \times i_{倍} \times \frac{28}{56}$$

$$\times \frac{36}{32} \times \frac{32}{56} \times \frac{4}{29} \times \frac{40}{30} \times \frac{30}{48} \times \frac{28}{80} \times \pi \times 2.5 \times 12\text{mm}$$

化简后可得

$$f_{纵} = 0.711 i_{基} \, i_{倍} \qquad\qquad (1\text{-}7)$$

改变$i_{基}$和$i_{倍}$可得到从$0.08 \sim 1.22$mm/r的32种正常进给量。其余32种进给量可分别通过时制螺纹传动路线和扩大螺纹导程机构得到。

(3)横向机动进给量　通过传动计算可知,横向机动进给量是纵向的一半。

4. 刀架的快速移动

为了减轻工人劳动强度和缩短辅助时间,刀架可以实现纵向和横向机动快速移动。按下快速移动按钮,快速电动机(250W,2800r/min)经齿轮副$\frac{18}{24}$使轴XXII高速转动,再经蜗杆副$\frac{4}{29}$,溜板箱内的转换机构,使刀架实现纵向或横向的快速移动。快移方向仍由溜板箱中双向离合器M_6和M_7控制。

刀架快速移动时,不必脱开进给传动链,为了避免仍在转动的光杠和快速电动机同时传动轴XXII,在齿轮56与轴XXII之间装有超越离合器。超越离合器的原理见1.2.4.3。

1.2.4　CA6140型普通车床的主要部件

机床的主要组成部件、传动和变速机构已如上述,除了这些基本部分之外,作为一台

完整的机床，还需要有开车、停车和变速的操纵机构；润滑和安全保险装置，装夹工件和刀具的装置，加工时冷却刀具与工件的冷却装置，以及电气设备。所有这些直接或间接为机床正常工作而设的机构和装置，就构成了一台具体机床的结构。机床的使用性能和质量的好坏，制造的难易程度，主要由机床的具体结构来体现。

机床的主传动和进给传动，变速和开车、停车的操纵机构，润滑和安全保险装置等，大部分都装在床头箱、进给箱和溜板箱三个部件中。所以着重介绍床头箱，进给箱和溜板箱的内部结构。

1.2.4.1　床头箱

床头箱内有主传动的变速与操纵机构主轴部件，开、停车和换向的摩擦离合器与制动器，主轴至挂轮间的传动与换向机构以及润滑装置(图1-5)。

1. 主轴部件

主轴部件是一个关键部件，机床工作时是靠主轴带动工件旋转来进行切削的。因此，主轴部件要传递一定的扭矩并承受切削力。为了达到必需的加工精度，主轴部件不仅要有较高的旋转精度，而且要求在扭矩和切削力的作用下主轴的变形尽可能小(即应有足够的刚度)、抗振性能好。

主轴部件采用三支承结构型式，以利于提高主轴的静刚度和抗振性。前支承采用 P5 级精度的锥孔双列向心短圆柱滚子轴承 NN3021K(旧型号 D3182121)和一个 P5 级精度的 60°角接触双列球轴承 234421(旧型号 D2268121)，前者具有刚度好、承载能力大、径向尺寸紧凑、精度较高等特点，轴承径向间隙用拧动调整螺母进行调整。后者用来承受正、反两方向的轴向力，起轴向定位作用，这种"前端定位"配置方式，主轴因受热变形向后自由伸长，对加工精度影响较小。

主轴后支承采用精度为 P6 的锥孔双列短圆柱滚子轴承 NN3015K(旧型号 E3182115)，其径向间隙由主轴尾部的螺母来调整。主轴的中间支承采用精度为 P6 的 NU216E(旧型号 E32216)型单列向心短圆柱滚子轴承，它作为辅助支承，配合较松而且间隙不能调整。中间支承和后支承都只能承受径向载荷，不承受轴向力。主轴端部为短锥法兰式结构，用以安装卡盘或拨盘。这种形式具有连接刚性高、定位精确、安装方便、主轴悬伸短等优点。

主轴中心有通孔，其孔径为 48mm，可穿入 $\phi47$mm 以下的长棒料。主轴孔前端为莫氏 6 号锥孔，用来安装顶尖。主轴尾端的圆柱面是安装各种辅具(如电气、液压及气动装置等)的安装基面。

主轴的前后支承均有进油孔和回油孔，轴承由床脚内的油泵供油得到充分的润滑，并带走运转中产生的热量。主轴前端的螺母和尾部的轴承压紧套上均做成锯齿形环槽，主轴旋转时，靠离心力将流出的油甩向法兰盘回油孔，流回油箱内，防止润滑油漏出箱外。

主轴的中段装有三个传动齿轮，从右至左为空套在主轴上的斜齿轮、与主轴有花键联接的滑移齿轮和固定在主轴上的进给传动齿轮。用斜齿轮传动时，主轴运转较平稳。斜齿轮是左旋的，传动时产生的轴向力指向前支承，恰与车削时纵向切削力相反，可以减轻前支承所受的轴向力。滑移齿轮在图示位置时为高速传动情况，当它滑移至最右边，其上内齿轮嵌套在斜齿轮上的小齿轮时(即离合器 M_2 合)，为低速传动情况；当该齿轮处在中间位置时，即为空挡位置，此时可用手自由转动主轴以便进行装夹和调整工作。

2. 卸荷带轮

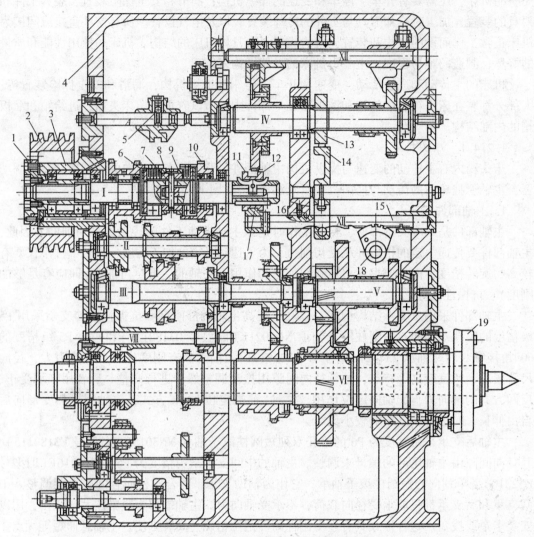

图 1-5　CA6140 型卧式车床主轴箱展开图

电动机经 V 带将运动传至轴 I 左端的带轮 2(见图 1-5 的左上部分)。带轮 2 与花键套 1 用螺钉连接成一体,支承在法兰 3 内的两个深沟球轴承上。法兰 3 固定在主轴箱体 4 上。这样,带轮 2 可通过花键套 1 带动轴 I 旋转,胶带的拉力则经轴承和法兰 3 传至箱体 4。轴 I 的花键部分只传递转矩,从而可避免因胶带拉力而使轴 I 产生弯曲变形。这种带轮是卸荷用的,可把径向载荷卸给箱体。

3. 双向多片摩擦离合器、制动器及其操纵机构

双向多片摩擦离合器装在轴 I 上。原理如图 1-6 所示。

在轴 I 中段,装有双向多片摩擦离合器,左、右两边分别空套着双联、单一齿轮。当主电机启动后,虽然经皮带传动到轴 I 上,但不能直接带动这两个齿轮,而要通过摩擦离合器才能传动。左边摩擦离合器的工作原理如下:双联齿轮的右边做成罩杯状,且开有四个槽口,离合器外摩擦片的圆周上有四个凸起,正好嵌入罩杯的槽口中。外摩擦片的内孔

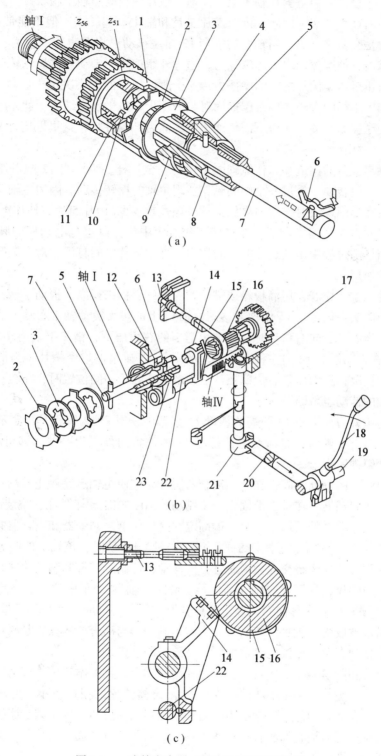

图 1-6　摩擦离合器、制动器及其操纵机构

直径大于轴 I 直径，它们空套在轴 I 上。而内摩擦片用花键与轴 I 相联接，其外径比双联齿轮上的罩杯内径小一些。因此，内摩擦片总是和轴 I 一起转动，但不能带动齿轮转动。内、外摩擦片是交错排列的，当轴上的滑套 12 向左移动，将左边的一组内、外摩擦片压时，则轴 I 靠内、外摩擦片之间的摩擦力，通过外摩擦片，带动双联齿轮转动，这时主轴得到正转。因扭矩靠摩擦片之间的摩擦力传递，所以扭矩的大小决定于压紧力（正压力）、摩擦系数、作用半径的大小，以及摩擦面对数的多少。对于已定结构，就靠增减摩擦片的数目，即改变摩擦面对数来获得所需传递扭矩的能力。经计算，这里取内片 9 片，外片 8 片，共 16 对摩擦面。

右边摩擦离合器的构造和工作原理同左边的完全一样。当滑套 12 向右压紧时，轴 I 带动右边单一齿轮转动，经过一个中间轮，实现主轴的反转传动。因为主轴反转一般不用来作切削，仅在车削螺纹时作退刀之用，故摩擦片数较少（内片 5 片，外片 4 片）。

采用了双向多片摩擦离合器，在机床工作过程中，可以避免电动机的频繁启动和换向，另外，当切削过程中出现过载时，利用内、外摩擦片之间打滑，对主轴箱内的机构还能起安全保护作用。

离合器的压紧和松开，用溜板箱或进给箱右侧的手柄来操纵。扳动手柄，通过杠杆操纵扇形块 4 使床头箱内的轴 XIII 做轴向移动，轴 XIII 上的拨叉拨动轴 I 右端上的滑环 5 向左或向右滑移，当滑环 5 向右移动时，将羊角销 7 的右角压下，销 7 下端将小轴 6 向左推，通过圆注销 13 带动滑套 12 向左移，由其上的螺母 11 压紧左边摩擦片。当滑环 5 向左移动，则与上述情况相反而压紧右边摩擦片。当滑环 5 处于中间位置时，左、右两边摩擦片都松开，主轴的传动也就断开。

摩擦片的压紧力靠滑套 12 两端的螺母 11 来调整。滑套 12 行程是固定不变的。当摩擦片磨损后夹紧力不够时，将滑套上的螺母 11 的位置向外旋出一些，即可增大压紧力，调好后用弹簧销锁紧螺母。

为了缩短停车的辅助时间，在摩擦离合器脱开时应使主轴迅速停止转动。为此，床头箱内装有闸带式制动器。在轴 IV 上固定一个制动轮 10，在制动轮外圈，绕装制动带 9，制动带的一端固定在箱体的后墙上，另一端固定在摆杆 8 上。制动器和离合器共用一套操纵机构。操纵离合器的轴 XIII 通过摆杆 8 的下端，当轴 XIII 移动时，该轴上的凸起与摆杆 8 下端相接触，并顶推摆杆 8 绕交点做逆时针方向摆动，使制动带箍紧制动轮靠它们之间的摩擦力刹住旋转的轴 IV，从而使主轴立即停转。此时，轴 XIII 处于中位，正好是离合器松开的情况。当轴 XIII 移向左或移向右，即摩擦离合器被压紧的同时，摆杆的下端落入轴 XIII 的凹槽中，制动带被放松，主轴即能旋转，也就是制动器与离合器的操纵是联动的。松开离合器的同时就自动刹车，压紧离合器的同时就放松制动带。

摩擦离合器和制动器一般应设置在转速较高的轴上，例如本车床的离合器设在轴 I 上（转速 800r/min）。这样，在传递功率一定时，离合器传递的扭矩较小，可使其结构尺寸小一些。另外，在开车和停车时摩擦离合器和制动器均易发热，为了减少摩擦热量对主轴温升的影响，应尽可能把它们布置得远离主轴，并给予充分的润滑油冷却。

4. 变速操纵机构

轴 II 上的双联滑移齿轮和轴 III 上的三联滑移齿轮用一个手柄操纵。图 1-7 是其操纵机构变速手柄每转一转，变换全部 6 种转速，故手柄共有均布的 6 个位置。

变速手柄装在主轴箱的前壁上，通过链转动轴 4。轴 4 上装有盘形凸轮 3 和曲柄 2。凸轮 3 上有一条封闭的曲线槽，由两段不同半径的圆弧和直线组成。凸轮上有 1~6 六个变速位置，如图所示。位置 1、2、3，杠杆 5 上端的滚子处于凸轮槽曲线的大半径圆弧处。杠杆 5 经拨叉 6 将轴 Ⅱ 上的双联滑移齿轮移向左端位置。位置 4、5、6 则将双联滑移齿轮移向右端位置。曲柄 2 随轴 4 转动，带动拨叉 1 拨动轴 Ⅲ 上的三联齿轮，使它处于左、中，右三个位置顺次转动手柄，就可使两个滑移齿轮的位置实现 6 种组合，使轴 Ⅲ 得到 6 种转速。滑移齿轮到位后应定位。图 1-5 的件 5 是拨叉的定位钢球。

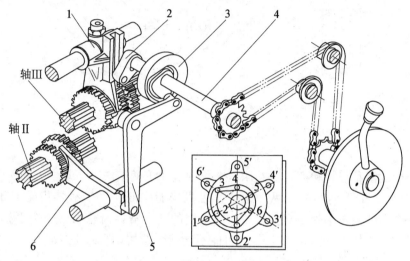

1—拨叉　2—曲柄　3—凸轮　4—轴　5—杠杆　6—拨叉

图 1-7　变速操纵机构

5. 主轴与卡盘的联接

CA6140 型卧式车床主轴的前端为短锥和法兰，用于安装卡盘或拨盘，如图 1-8 所示。拨盘或卡盘座 4 由主轴 3 的短圆锥面定位。安装时，使装在拨盘或卡盘座 4 上的四个双头螺栓 5 及其螺母 6 通过主轴法兰及环形锁紧盘 2 的圆柱孔。然后，将锁紧盘 2 转过一个角度，使螺栓 5 处于锁紧盘 2 的沟槽内，如图所示。拧紧螺钉 1 和螺母 6。这种结构装卸方便，工作可靠，定心精度高，主轴前端的悬伸长度较短，有利于提高主轴组件的刚度，所以得到广泛的应用。主轴法兰上的圆形端键(图 1-5 中的件 19)用于传递转矩。主轴尾部的圆柱面是安装各种辅具(气动、液压或电气装置)的安装基面。

1.2.4.2　进给箱

CA6140 型车床的进给箱内所有传动轴的轴心线都布置在一竖直平面内。

进给箱内轴 ⅩⅧ 和轴 ⅩⅨ 之间变换螺距的基本组中，一方面，各对齿轮的传动比必须满足螺距的标准数列；另一方面，各对齿轮的中心距必须满足同一的固定值。为此，基本组中多数都要采用模数不相等的、变位系数不相同的齿轮传动。

进给箱中与丝杠联接的轴 ⅩⅧ 要有较高的回转精度和较低的轴向窜动，这是因为丝杠的回转精度和轴向窜动会直接影响车削螺纹的精度。另外，在车螺纹时该轴要承受较大的轴向力，因此采用了两个 P5 级精度的推力球轴承。

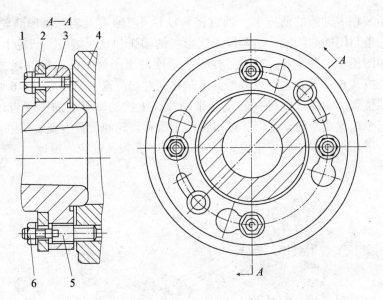

图 1-8 卡盘或拨盘的安装

进给箱中的滑移齿轮和离合器共用三个集中变速手柄来操纵。基本组的四个滑移齿轮（在轴ⅩⅨ上）用一个手柄集中操纵，这个操纵机构能保证任一个滑移齿轮处于啮合位置时，其余三个滑移齿轮都处于空挡位置。增倍组的两个滑移齿轮由另一个手柄集中操纵，这个操纵机构除了使两个滑移齿轮得到四种不同啮合位置（即四种传动比）之外，还可以使轴ⅩⅧ上的滑移齿轮拨到极左位置接合离合器 M_4，实现车削精密螺纹或非标准螺纹时的直联传动，变换米制、时制螺纹传动路线的轴ⅩⅢ上齿轮 25 和轴ⅩⅤ上齿轮 25，以及光杠、丝杠传动转换齿轮 28 由一个手柄操纵。这个操纵机构可以实现光杠传动时或丝杠传动时都获得米、时制两种传动路线的变换。三个集中操纵机构全都装在进给箱前盖板的内面。

1.2.4.3 溜板箱

溜板箱固定安装在沿床身导轨移动的纵向溜板的下面。如 1.4 节所述，在溜板箱内有车削螺纹用的开合螺母机构；纵向和横向进给运动的传动机构及其正反向的转换机构；这些机构的操纵机构；螺纹进给传动与纵、横进给传动的互锁机构；安全保险装置，以及溜板纵向和横向快速移动机构等。下面介绍溜板箱内的几个机构。

1. 四向操纵机构

在溜板箱右侧有一个四向操纵手柄 1（参见图 1-9）。这个手柄向左或向右扳动，接合纵溜板向左或向右运动；向前或向后扳动，接合横溜板向前或向后运动。溜板的运动方向与手柄扳动的方向完全一致，符合操作习惯。

当手柄 1 向左扳动时，手柄绕支点 2 做逆时针方向转动，使杆 3 向右移动，通过杠杆 4 推动板条 6，使圆柱凸轮 7 做顺时针方向转动，由凸轮 7 上的曲线槽，推动拨叉 8 带动双面端齿离合器与轴ⅩⅩⅡ下面齿轮的端齿接合，从而接通纵溜板向左的传动。

同理，当手柄 1 向右扳动，通过上述的机构将轴ⅩⅩⅡ上的双面端齿离合器向上移动，与其上面齿轮的端齿啮合，由于这个齿轮的旋转方向和下面齿轮旋转方向相反，所以纵溜板向右运动。

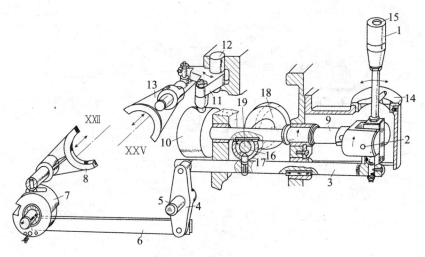

图 1-9　四向操纵机构

当手柄 1 向前扳动时，转动轴 9，轴 9 左端的圆柱凸轮 10 通过摆杆 11 使拨叉 13 向外移动，带动端齿离合器与轴 XXV 下面齿轮的端齿接合，从而接通横溜板向前的传动。同样的道理，手柄向后扳动时，可接合横溜板向后的传动。

2. 溜板快速运动与超越离合器

为了减轻工人劳动强度，节省空程时间，溜板可由快速电动机驱动获得快速移动。当启动快速电动机时，从进给箱传来的慢速运动可以不断开，这是由于在蜗杆轴上装有超越离合器，快速电动机使刀架纵横快速移动，其启动按钮 15 位于手柄 1（图 1-9）的顶部。在蜗杆轴 XXII 的左端与齿轮之间装有超越离合器，以避免光杠和快速电动机同时传动轴 XXII。超越离合器的工作原理如图 1-10 所示。

机动进给时，由光杠传来的低速进给运动，使齿轮 27 连同超越离合器的外环按图示逆时针方向转动。三个圆柱滚子 29 在弹簧 33 的弹力和摩擦力的作用下，楔紧在外环 27 和星形体 26 之间。外环 27 就可经滚子 29 带动星形体 26 一起转动。进给运动再经超越离合器右边的安全离合器 24、25 传至轴 XXII。按下快移按钮，快速电动机经齿轮副 18/24 传动轴 XXII，经安全离合器使星形体 26 得到一个与外环 27 转向相同但转速高得多的转动。这时，摩擦力使滚子 29 经销 32 压缩弹簧 33，向楔形槽的宽端滚动，脱开了外环与星形体之间的联系。因此，快移时可以不用脱开进给链。

3. 过载保险与安全离合器

为了防止进给力过大或进给运动受到意外的阻碍而造成进给传动机构的损坏，在溜板箱中设有过载保险装置，又叫安全离合器，其结构如图 1-10（a）所示。其工作原理如图 1-11 所示，左、右半之间有螺旋形端面齿。倾斜的接触面在传递转矩时产生轴向力。这个力靠弹簧 23 平衡。图 1-11 表示当进给力超过预定值后安全离合器脱开的过程。

4. 开合螺母和互锁机构

车削螺纹时，溜板箱由丝杠传动，溜板箱中有开合螺母与丝杠接合。开合螺母由上下两个半螺母所组成，其燕尾装在溜板箱的燕尾槽中，两个半螺母均有圆柱销插入凸轮 18

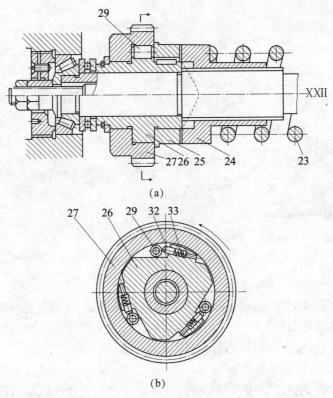

图 1-10　超越离合器

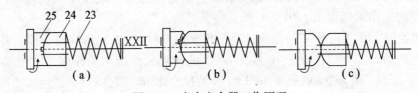

图 1-11　安全离合器工作原理

的两个对称曲线槽内(参见图 1-9)，当用手柄轴 19 转动凸轮 18 时，靠凸轮 18 的两个对称曲线槽使两个半螺母合拢在丝杠上或从丝杠张开。

当开合螺母接合在丝杠上时，不容许四向手柄接合上溜板箱内的任何一个离合器，同样，当用手柄合上溜板箱内的任何一个离合器时，也不容许开合螺母与丝杠接合。否则，在运动上将发生矛盾而造成机构的损坏，为此，在四向操纵手柄机构与开合螺母机构之间设有互锁机构。

图 1-12 所示位置是横向、纵向和开合螺母都处于空挡位置。当开合螺母闭合时，手柄轴 19 上的凸台 16 转过一个角度，卡入轴 9 的槽中，如图 1-12(a)所示，使轴 9 不能转动。同时，凸台 16 的外圆将销子 17 一半压入杆 3 中，一半留在固定套 20 的孔中，锁住杆 3 不能轴向移动，四向手柄不能向任何方向扳动，纵向、横向传动就不能接合。在开合

螺母未合上时，当接合纵向传动，四向手柄使杆 3 轴向移动，杆上的小孔离开了销 17 的
对应位置，销子 17 上面锥端压入轴凸台 16 的 V 形槽中，开合螺母的操纵手柄被锁住不能
转动，开合螺母不可能闭合，如图 1-12(b)所示。当接合横向传动时，四向手柄使轴 9 转
动，轴上的槽转离凸台，凸台 16 被轴 9 外圆锁住，开合螺母手柄也不能转动，因而开合
螺母也不能闭合，如图 1-12(c)所示。

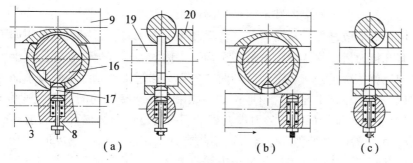

图 1-12　开合螺母和互锁机构

1.3　齿轮加工机床

1.3.1　齿轮加工机床功能和运动

1.3.1.1　加工机床分类与形成方法

齿轮加工机床的种类繁多，但一般可以划分为圆柱齿轮加工机床和锥齿轮加工机床两
大类。圆柱齿轮加工机床主要有滚齿机、插齿机、车齿机等；锥齿轮加工机床除加工直齿
锥齿轮的刨齿机，铣齿机，拉齿机和加工弧齿锥齿轮铣齿机外，还有加工齿长方向为摆线
或渐开线外摆线和准渐开线的铣齿机，前者常称为 OERLIKON(瑞士奥瑞康)型，后者称
为 KLINGE-LNBERG(德国克林根贝格)型。齿轮齿面精加工用的机床有剃齿机、研齿机、
磨齿机等。

齿轮轮齿的加工，按加工方法大体分为两种：仿形法(也称成形法)和范成法(也称展
成法、创成法、瞬心包络法)。采用范成法加工齿轮轮齿时，在齿轮加工机床中，切削刀
具和工件毛坯之间的相对运动关系，有着严格的要求。所以，为了能更深刻地理解齿轮加
工机床，首先介绍机床运动分析的基本概念。

1.3.1.2　滚齿的运动及运动联系

滚齿机是用滚刀铣切直齿、斜齿圆柱齿轮以及蜗轮的机床，是用得较广泛的一种通用齿
轮加工机床。在滚齿机上铣切直齿、斜齿齿轮和蜗轮时，渐开线齿形的形成方法和成形、运
动都是相同的，只是由于齿长的形状不同，其成形运动有所不同而已。下面先说明齿形的成
形运动，然后分别讨论滚切直齿齿轮、滚切斜齿齿轮及滚切蜗轮的运动与运动联系。

1. 齿形的形成及成形运动

用滚刀滚齿是由一对轴线相交的螺旋齿轮啮合传动原理演变而来的。将这个啮合传动

副中的一个螺旋齿轮的轮齿螺旋角 β 增加到很大（即螺旋升角 λ 很小），齿数减少到几个或一个则轮齿变得很长，可以有几圈。这样，螺旋齿轮就变成了蜗杆，一个齿的为单头蜗杆，几个齿的为多头蜗杆。在蜗杆的轴向铣出几条容屑槽，每个刀齿经铲背形成后角，再经淬硬和刃磨就成为滚刀。

滚齿时，将滚刀装在滚齿机刀架的刀轴上，工件装在工作台上，并使滚刀轴线与工件轴线像螺旋齿轮啮合那样，交错成适当角度。当机床强制滚刀和工件按严格速比关系做放转运动时，滚刀就可在工件上连续不断地切出齿来，如图 1-13 所示。

渐开线齿形的形成过程，从刀齿与工件运动关系上来看，可以大体说明如下：在滚刀圆周上均布有几排刀齿，每排刀齿好像一个齿条，因为刀齿都分布在螺旋线上，几个齿条的刀齿在轴向也就依次错开。当滚刀旋转时，各刀齿通过工件轴线的垂直平面的一系列瞬时位置，就像一齿条在该平面内均匀地移动。如果工件旋转运动的节圆线速度与这个"齿条"的移动速度完全相等，那么，各刀齿就相继切去齿槽中的金属而形成渐开线齿形，如图 1-14 所示。由于刀齿的切削刃是与齿形不吻合的切削线，渐开线齿形是刀刃一系列瞬时位置包络的共轭线，所以，齿形的形成方法是展成法。成形运动是滚刀旋转与工件旋转组成的复合成形运动（B_1B_2）。如果是单头滚刀，滚刀旋转一转，工件必须旋转 $1/z_a$ 转。由于每一圈刀齿数只有几个，切削是断续的，每个齿槽在有限的几次切削中切出，因而，切出的齿形实际上是一根近似渐开线的折线。滚刀和工件连续不断旋转时，就可在工件整个圆周上切出齿来。也就是在形成齿形的同时，也把所有的齿等分出来了。所以，在滚齿时，展成运动也就是分度运动。

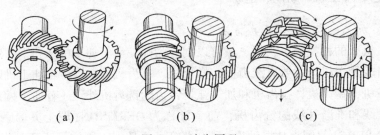

(a)   (b)   (c)

图 1-13 滚齿原理

由上可知，滚齿时，渐开线齿形的形成和齿数的等分是靠滚刀旋转运动 B_1 与工件旋转运动 B_2 严格配合实现的。这两个运动的关系如同蜗杆与蜗轮啮合传动的速比关系一样，即

$$\frac{n_d}{n_g} = \frac{Z}{K} \tag{1-8}$$

式中：n_d 和 n_g 分别为滚刀和工件的转速；K 和 Z 分别为滚刀头数和工件齿数。

上式的含义是，工件转动一转，滚刀应转 Z/K 转，或者说，滚刀转 1 转，工件应转 K/Z 转。这也就是滚刀和工件两者的计算位移：

滚刀 1 转——工件 $\dfrac{K}{Z}$ 转 或 滚刀 $\dfrac{Z}{K}$ 转——工件 1 转。

习惯上，把滚刀旋转运动叫做切削运动（主运动），把工件旋转运动叫做分度运动。

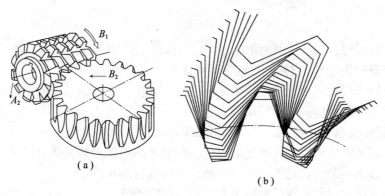

图 1-14　展成法加工齿轮

但是，必须明确，两者是严格配合的复合成形运动，它们各自的运动速度和方向不能单独地任意改变，否则，会破坏所要求的严格运动关系，即破坏运动的轨迹。

2. 滚切直齿圆柱齿轮的运动联系

齿形的形成方法和成形运动已如上述。直线齿长的形成是靠滚刀一边旋转，一边沿着工件轴线做缓慢直线移动来实现的，可以看成是相切法。成形运动是滚刀的旋转运动 B_1 和滚刀沿工件轴线的直线运动 A_3，这是两个简单成形运动。这里的滚刀旋转运动与展成运动中的滚刀旋转运动是重合的。所以，滚切直齿圆柱齿轮所需的成形运动是一个复合成形运动 (B_1B_2) 和一个简单成形运动 A_3.

为了实现滚切直齿圆柱齿轮的两个成形运动 (B_1B_2) 和 A_3，需要利用图 1-15 所示的运动联系图。图中共有三条传动链：1—2—i_v—3—4、4—5—i_x—6—7 和 7—8—i_s—9—10，现逐一分析如下。

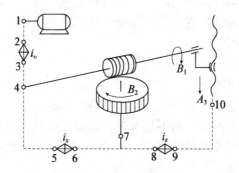

图 1-15　滚切直齿圆柱齿轮的传动原理图

首先，靠滚刀轴与工件轴之间的传动链 4—5—i_x—6—7 来保证滚刀与工件之间的严格速比关系，也就是说，这条传动链的总传动比必须准确地满足式(1-8)所确定的滚刀与工件的速比关系。根据计算位移：滚刀转 1 转——工件转 K/Z 转，可写出下列运动平衡式：

$$1 \cdot i_{4-7} = \frac{K}{Z}, \qquad 或 \qquad 1 \cdot i_b \cdot i_x = \frac{K}{Z} 。$$

而调整公式为

$$i_x = \frac{K}{Zi_b}。$$

式中：i_{4-7}为该传动链的总传动比；i_b为传动链中全部固定传动比，是一个常数；i_x为传动链中可调整的传动比(或称换置机构传动比)。

这条传动链不仅要求传动比之值要绝对准确地满足上式，而且还要求滚刀与工件两者的旋转方向要互相配合，例如，当滚刀旋转方向一定时，滚刀刀齿螺旋线旋向不同(右旋或左旋)，工件的旋转方向应相反。传动链必须保证这两点，否则，根本无法形成齿形和分度。所以，这条内传动链中传动比的改变和传动方向的改变都直接影响展成运动的运动轨迹。显然，这是一条内传动链，称为展成传动链或分度传动链。

其次，联系运动源与展成传动链中某一环节的传动链 $l—2—i_v—3—4$ 是展成运动的外传动链。它使滚刀和工件共同获得一定速度和方向的运动，通常称为速度传动链。

所以，实现展成运动这个复合成形运动(B_1B_2)需要有展成传动链(内联系)和速度传动链(外联系)，前者体现运动的轨迹，后者体现运动的速度和方向。

最后，形成直线齿长是靠滚刀架沿工件轴线做直线运动而实现的，这是一个简单成形运动。运动的直线轨迹由刀架与立柱的导轨副这个内联系来保证。为使刀架得到运动，可以从运动源直接引一条传动链至刀架的传动丝杠。但是，滚齿机的进给量通常采用工件每转一转刀架的移动量来计量，而且刀架直线运动又很缓慢，所以，这条传动链一般都是由工件轴引至刀架丝杠，如图 1-15 中的 $7—8—i_s—9—10$。显然，这是外传动链，称为轴向进给传动链。

为适应不同加工情况，上述三条传动链中均设有换置机构。i_v用来调整滚切速度和方向，更准确地说是展成运动的速度和方向；i_x用来调整滚刀与工件的速比和旋转方向的配合；i_s用来调整刀架轴向进给量的大小和方向。

3. 滚切斜齿圆柱齿轮的运动联系

斜齿圆柱齿轮与直齿圆柱齿轮不同之处是齿长为螺旋线。因此，滚切斜齿齿轮时，齿形的展成运动和运动联系同滚切直齿齿轮完全一样，只是形成螺旋线齿长要比形成直线齿长复杂一些。下面着重分析这个问题。

为了在整个工件宽度上滚切出螺旋齿，如图 1-16(a)所示，当滚刀沿工件轴向做直线运动 A_3 时，工件必须做附加旋转运动 B_4，而且这两个运动要严格配合。如同车床上车螺纹那样，当滚刀直线移动 T(T 为工件螺旋齿的导程，mm)的同时，工件应准确地附加转动 1 转。不过这里是旋转着的滚刀而不是车刀；螺旋齿的导程比车床上车削螺纹的导程大得多。显然，这两个运动构成的螺旋运动，是个复合成形运动(A_3B_4)。实际上，齿轮宽度一般不大，螺旋齿只占螺旋线的一小段，如图 1-16(a)中的 ab'。因此，滚刀不需要移动一个导程 T(mm)，工件也不必附加转 1 转，就可以切完。但是，不论这个运动的路程长短，两者之间均应确保刀架移动 T 与工件转 1 转的运动关系。下面再作些说明。

如图 1-16(a)所示，工件螺旋齿为右旋，当刀架沿工件轴向进给 S(mm)，设滚刀由 a 点走到 c 点，为了能切出螺旋线齿长，工件上的 c' 点应转到 c 点，即在工件原来的旋转运动 B_2 的基础上再附加转动 cc'，或者工件附加转 $cc'/\pi m_s Z$ 转(m_s 和 Z 分别为工件的端面模数和齿数)。从螺旋线展开图 1-16(a)中的相似三角形，有下列比例关系：

$$\frac{cc'}{\pi m_s Z} = \frac{S}{T}(转) \tag{1-9}$$

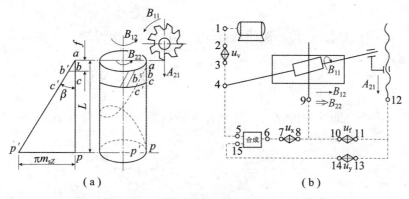

图 1-16 滚切斜齿圆柱齿轮传动原理图

这就表明，当刀架轴向进给 $S(\mathrm{mm})$ 的过程中，工件应增加 S/T 转，即附加旋转 S/T 转。如果工件螺旋齿为左旋，则工件应减少 S/T 转，即附加旋转 $-S/T$ 转。由于

$$S : \frac{S}{T} = T : 1 \tag{1-10}$$

所以，"刀架移动 $S(\mathrm{mm})$ 需工件附加旋转 $\pm S/T$ 转"同"刀架移动 $T(\mathrm{mm})$ 需工件附加旋转 ± 1 转"，在运动的比例关系上是完全相同的。

综上所述，滚切斜齿圆柱齿轮时，需要形成齿形的展成运动 (B_1B_2) 和形成齿长的螺旋运动 (A_3B_4) 这两个复合成形运动，而且它们是同时进行的。因此，工件的旋转运动就是 B_2 和 B_4 的合成，即 B_2+B_4。为了说明这个合成运动，可以根据计算位移来分析滚刀、工件与刀架三者的运动关系。

前面已给出展成运动的计算位移为

$$滚刀转 \frac{Z}{K} 转 ——工件转 1 转 \tag{1-11a}$$

刀架的轴向进给运动通常是以工件每 1 转刀架移动 $S(\mathrm{mm})$ 来计算的。当刀架移动 S (mm) 时，工件需附加旋转 $\pm\dfrac{S}{T}$ 方能形成螺旋线齿长，因此，螺旋运动的计算位移为

$$刀架移动 S(\mathrm{mm}) ——工件附加转 \pm\frac{S}{T} \tag{1-11b}$$

把 1-11(a) 和 1-11(b) 合并起来，就可得到滚刀、工件与刀架三者的运动关系：

$$滚刀转 \frac{Z}{K} 转 ——工件转 \left(1\pm\frac{S}{T}\right) 转 ——刀架移动 S(\mathrm{mm}) \tag{1-11c}$$

式中：工件转 $\left(1\pm\dfrac{S}{T}\right)$ 转就是合成运动 B_2+B_4。

要保证上述滚刀、工件和刀架之间的严格运动关系，必须在滚刀与工件、工件与刀架之间分别设置内传动链，并用一条外传动链来带着它们运转。如图 1-15 所示的运动联系图，它具备这样的三条传动链，因此，也可以实现滚切斜齿的两个复合成形运动。不过，这时工件与刀架之间的传动链 7—8—i_s—9—10 应当做内传动链，因为它具有保证螺旋运动轨迹的性质，这一点是与滚切直齿齿轮不相同的。

利用图 1-15 来实现滚切斜齿轮的运动时，两条内传动链根据式(1-11c)必须满足下列

要求：

（1）滚刀与工件之间的内传动链的总传动比，应满足"滚刀转 Z/K 转——工件转$(1\pm S/T)$转"的运动关系，即

$$\frac{Z}{K}i_b i_x = 1\pm \frac{S}{T}, \qquad 或 \qquad i_x = \frac{K}{Zi_b}\left(1\pm \frac{S}{T}\right) \qquad (1\text{-}12)$$

（2）工件与刀架之间的内传动链总传动比，应满足"刀架移动 $S(\text{mm})$——工件转$(1\pm S/T)$转"的运动关系，即

$$\frac{S}{t}i_c i_s = 1\pm \frac{S}{T}, \quad 或 \quad i_s = \frac{t}{Si_c}\left(1\pm \frac{S}{T}\right) \qquad (1\text{-}13)$$

式中：i_c 为该传动链中全部固定传动比，是常数；t 为刀架丝杠的导程，也是常数；i_s 为传动链中可变传动比。

从调整公式(1-12)和(1-13)看到，这比滚切直齿齿轮要复杂得多，因为工件的合成运动需在计算位移中考虑，并靠传动链的传动比来保证，即由换置机构的传动比 i_x 和 i_s 来实现。这种完全依赖传动链的传动比而达到运动合成的方法，在原理上是完全可行的。但是，进一步分析，会发现这种方案将带来具体困难。现说明如下：

刀架轴向进给量 S 通常取 $1\sim3\text{mm}$ 或小于 1mm，工件螺旋齿的导程 T 一般多是一千多毫米，即 $S\ll T$。S/T 是小数点后第三、四位的小数，$(1\pm S/T)$ 是 1 加上或减去微量的数。调整公式(1-12)和(1-13)右边包含有这样的比 1 稍大或稍小一点点的小数，而换置机构通常由两对交换挂轮组成，例如 $i_x = \dfrac{a}{b}\cdot\dfrac{c}{d}$，利用两对交换挂轮搭配的传动比值是很难满足那种小数点后几位数字的精度的。对于展成运动来说是不允许有误差的，因此，在实际使用上受到限制。另外，这种运动联系方案在机床的通用性方面也不理想，所以，一般极少采用。

实际的滚齿机广泛采用图 1-16(b)所示的运动联系图方案。展成运动(B_1B_2)，由内传动链 4—5—合成机构—6—7—i_x—8—9 和外传动链 1—2—i_v—3—4 来实现。其中内传动链应满足"滚刀转 Z/K 转——工件转 1 转"的运动关系。螺旋运动(A_3B_4)由内传动链 12—13—i_v—14—15—合成机构—6—7—i_x—8—9 和外传动链 9—10—i_s—11—12 来实现。其中内传动链应满足"刀架移动 $S(\text{mm})$——工件附加旋转$\pm S/T$转"的运动关系。这样，把工件的合成运动分成两个部分，分别由上述两条内传动链来传递，因而就避免了采用图 1-15 的方案时，滚切斜齿齿轮带来的问题，即调整公式不会出现 $1\pm S/T$ 的数。现在工件的旋转运动既然由两条内传动链传来，为使工件轴同时接受两个运动而不发生矛盾，需要利用运动合成机构把两个运动合成之后再传给工件轴。由于运动合成机构在滚齿机中通常采用齿轮差动机构，所以，使工件得到附加旋转运动的那条内传动链也就称为差动传动链。它的作用是保证形成螺旋线齿长，同车床中螺纹传动链的性质完全一样。

上述两种运动联系图方案，同样都能满足滚切斜齿齿轮时，滚刀、工件和刀架三者的运动关系。它们的区别在于：没有差动传动链的(图 1-15)是先确定工件的合成运动计算位移，然后靠有关传动链的传动比来达到运动合成的目的。有差动传动链的(图 1-16(b))是将工件的合成运动分为两部分，分别由两条传动链来分担，然后用差动机构把两部分运动合成起来传给工件。

4. 滚切蜗轮的运动联系

滚切蜗轮齿形的展成运动及其运动联系也同滚切直齿圆柱齿轮一样。蜗轮的齿长是当滚刀切至全齿深时，在展成齿形的同时而形成的。因此，除了展成运动(B_1B_2)之外，需要一个使滚刀切入工件的切入运动。滚切蜗轮有两种切入方法：径向切入法和切向切入法。分述于下。

(1) 径向切入法滚切蜗轮。

图 1-17(a) 为用径向切入法滚切蜗轮。加工时，由滚刀旋转运动 B_1 和工件旋转运动 B_2 范成齿形的同时，还应由滚刀或工件做径向进给运动 A_3，使滚刀从蜗轮齿顶逐渐切入至全齿深。图 1-17(b) 为机床的运动联系图。

(2) 切向切入法滚切蜗轮。

图 1-18(a) 为用切向切入法滚切蜗轮。滚刀由圆锥部分和圆柱部分组成，预先把滚刀和工件的轴线间距离按蜗杆与蜗轮啮合状态那样调整好。切削时，滚刀沿工件切线方向(也是沿滚刀的轴线)做缓慢移动。滚刀的圆锥部分先切入工件，继而圆柱部分切入工件。当圆柱部分完全切入工件时，就切到了全齿深。当滚刀做切向切入运动为 A_3 时，工件必须有附加旋转运动 B_4 与之严格配合。这两个运动的关系，就像蜗杆与蜗轮相啮合，蜗杆轴向移动必然带动蜗轮转动一样。即滚刀切向移动一个齿距 $t=\pi m$(m 为滚刀的模数)的同时，工件必需转过一个齿，即转动 $1/z_g$ 转(z_g 为工件的齿数)。由于这个复合运动(A_3B_4)是与展成运动(B_1B_2)同时进行的，同滚切斜齿齿轮相似，工件的旋转运动 B_4 是附加运动，因此，它与 B_2 组成工件的合成运动 B_2+B_4。机床的运动联系图(图 1-18(b))也与滚切斜齿齿轮相似，利用差动传动链和差动机构达到运动合成的目的。只是这里的进给传动链是切向进给传动链。

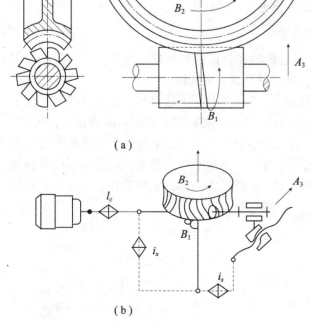

(a)

(b)

图 1-17 径向切入法滚切蜗轮

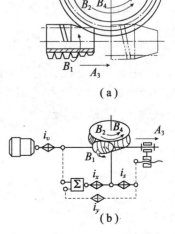

(a)

(b)

图 1-18 切向切入法滚切蜗轮

综合滚切直齿、斜齿圆柱齿轮和径向切入法、切向切入法滚切蜗轮四种情况，归纳列于表 1-2。

表 1-2 　　　　　　　　　　　　　　　滚齿加工方法比较

加工情况	形成齿形		形成齿长	
	运动	传动链	运动	传动链
滚切直齿圆柱齿轮	展成运动（分度运动）(B_1B_2)	切削速度链展成传动链*（分度传动链）	轴向进给运动 A_3	轴向进给传动链
滚切斜齿圆柱齿轮			螺旋运动 A_3B_4	轴向进给传动链差动传动链*
径向切入法滚切蜗轮			径向切入运动 A_3	径向进给传动链
切向切入法滚切蜗轮			切向切入运动 A_3B_4	切向进给传动链差动传动链*

* 为内传动链。

一般的通用滚齿机都具备加工直齿、斜齿圆柱齿轮和径向切入、切向切入加工蜗轮的功能，因此，必须具备表 1-2 所列的全部传动链。但是，分析比较四种加工情况可知，展成运动链和速度传动链可为四种加工情况公用，轴向进给传动链可为滚切直齿和斜齿公用，差动传动链可为滚切斜齿和切向切入法滚切蜗轮公用。把能公用的部分合并，不能公用的部分单独设置，这样就构成了滚齿机的完整的运动联系。

1.3.2　Y3150E 滚齿机床的组成和主要参数

1. 组成部件

Y3150E 型滚齿机主要用于滚切直齿圆柱齿轮和斜齿圆柱齿轮。此外，使用蜗轮滚刀时，还可以用手动径向进给法滚切蜗轮。也可用于加工花键轴。

图 1-19 是机床的外形图。图中：1 是床身；2 是立柱；3 是刀架，刀架可以沿立柱上的导轨上下直线移动，还可以绕自己的水平轴线转动，调整滚刀和工件间的相对位置（安装角），使它们相当于一对轴线交叉的螺旋齿轮啮合；4 是滚刀主轴，滚刀装在滚刀主轴上做旋转运动；5 是小立柱，它可以连同工作台一起做水平方向移动，以适应不同直径的工件及在用径向进给法切削蜗轮时做进给运动；6 是工件心轴，工件装在工件心轴上随同工作台一起旋转；7 是工作台。

2. 主要参数

工件最大直径 　　　　　　　　　　　　　　　　　　　　　　　　500mm
工件最大加工宽度 　　　　　　　　　　　　　　　　　　　　　　250mm
工件最大模数 　　　　　　　　　　　　　　　　　　　　　　　　8mm
工件最小齿数 　　　　　　　　　　　　　　　　　　Z 最小 $=5×K$ 滚刀头数
滚刀主轴转数 　　　　　　40，50，63，80，100，125，160，200，250r/min

刀架轴向进给量

　　0.4，0.56，0.63，0.87，1，1.16，1.41，1.6，1.8，2.5，2.9，4mm/r

机床轮廓尺寸(长度×宽度×高度)　　　　　　　　　　2439mm×1272mm×1770mm

机床重量　　　　　　　　　　　　　　　　　　　　　约3450kg

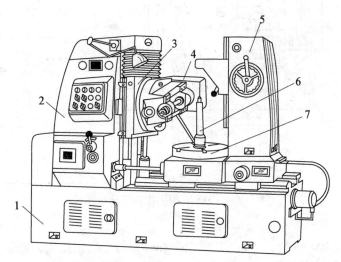

1—床身　2—立柱　3—刀架　4—主轴　5—后立柱　6—心轴　7—工作台

图 1-19　Y3150E 型滚齿机

1.3.3　Y3150E 滚齿机床的传动系统

1. 主运动传动链

　　速度传动链是展成运动的外传动链，它使滚刀和工件得到一定速度的旋转运动，它决定展成运动的速度。因为滚刀的旋转运动是主运动，所以就是主运动传动链。

　　从图 1-20 可知，该传动链的两末端件是，电动机——滚刀主轴Ⅷ，计算位移是，电动机转速 $n_0(\mathrm{r/min})$ ——滚刀轴转速 $n_d(\mathrm{r/min})$。从传动系统图上，查找出传动路线为

电动机—Ⅰ—Ⅱ—Ⅲ—Ⅳ—Ⅴ—Ⅵ—Ⅶ—滚刀主轴Ⅷ

于是可列出运动平衡式：

$$1430\times\frac{115}{165}\times\frac{21}{42}\times i'_v\times\frac{A}{B}\times\frac{28}{28}\times\frac{28}{28}\times\frac{28}{28}\times\frac{20}{80}=n_d$$

由此可得调整公式：

$$i_v=i'_v*\frac{A}{B}=\frac{n_d}{124.58} \tag{1-14}$$

滚刀转速 n_d 可根据切削速度和滚刀外径确定，然后利用调整公式选择 i'_v 和 A/B：

$$i'_v=\frac{35}{35},\frac{31}{39},\frac{27}{43}; \qquad \frac{A}{B}=\frac{44}{22},\frac{33}{33},\frac{22}{44} \tag{1-15}$$

这是由滑移齿轮和交换挂轮 A/B 组成的变速系统，滑移齿轮变速组是基本组，级比为 1.26；挂轮是扩大组，级比为 2。滚刀主轴变速范围 $R=1.26^2\times2^2=6.35$。转速数列为

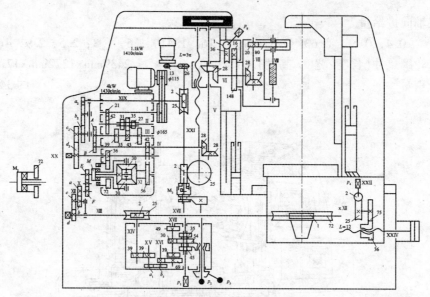

图 1-20　Y3150E 型滚齿机传动系统图

40、50、63、80、100、125、160、200、250r/min。与车床、钻床、铣床等通用机床的主运动相比，滚齿机主运动的变速范围小得多，最高转速也低得多。这是因为该滚齿机只考虑用高速钢滚刀加工铸铁和钢料齿轮，并考虑滚刀刃磨较麻烦，所以切削速度用得低，一般为 15～40m/min，而且切削速度的变化范围也很小。另外，滚刀尺寸已标准化，其直径变化范围也小，所以滚齿机的最高转速很低，变速范围也很小。近年来，发展了硬质合金的镶片滚刀和整体滚刀，滚齿切削速度可达 100m/min，甚至 200r/min 以上。在这种情况下，就要提高滚刀转速和增大变速范围，并随之提高机床功率和增强机床刚性。

采用交换挂轮变速可简化变速箱结构，但调整时间较多。挂轮的传动比除按照第 4 章的规定 $2 \geqslant i \geqslant 0.25$ 外，应尽可能对称安排，以便用较少的齿轮获得较多的传动比。如本机床齿数 44 和 22 两个挂轮可以颠倒使用，一对齿轮可得两种传动比 44/22 和 22/44。

2. 展成传动链

展成传动链(分度传动链)是联系滚刀主轴和工作台两末端件的内传动链，这条传动链对于滚切直齿、斜齿圆柱齿轮和蜗轮都必须保证"滚刀转 Z/K 转——工件转 1 转"或"滚刀转 1 转——工件转 K/Z 转"的严格运动关系，这也就是两末端件的计算位移。从传动系统图上，查找出传动路线为

滚刀主轴Ⅷ—Ⅶ—Ⅵ—Ⅴ—Ⅳ—Ⅸ$\frac{e}{f} \cdot \frac{a}{b} \cdot \frac{c}{d}$ Ⅹ—工作台轴ⅩⅢ。于是可列出运动平衡式：

$$1 \times \frac{80}{20} \times \frac{28}{28} \times \frac{28}{28} \times \frac{28}{28} \times \frac{42}{56} \times i_{\Sigma 1} \times \frac{e}{f} \times \frac{a}{b} \times \frac{c}{d} \times \frac{1}{72} = \frac{K}{Z} \qquad (1\text{-}16)$$

式中：$i_{\Sigma 1}$ 是差动机构传动比。它有两种情况：

(1)滚切直齿齿轮或径向切入法滚切蜗轮时，不用差动传动链，不需要差动机构起运动合成作用，这时，用短齿离合器将差动机构左中心轮与转臂联为一体，差动机构像一个

联轴器，因此 $i_{\Sigma 1} = 1$。

（2）滚切斜齿齿轮或切向切入法滚切蜗轮时，要用差动传动链，需要差动机构起运动合成作用。这时，用长齿离合器将差动机构转臂与差动传动链的传动齿轮联接起来，差动机构左、右中心齿轮的传动比为 $i_{\Sigma 1} = -1$。

传动比的正负号仅表示传动方向的不同，而对传动比之值无影响。略去正负号后，两种情况的调整公式是相同的，即

$$i_x = \frac{a}{b} \frac{c}{d} = \frac{f}{e} \frac{24K}{Z} \tag{1-17}$$

式中：e、f 也是一对挂轮。根据 Z/K 值有如下三种选择：

当 $5 \leqslant \dfrac{Z}{K} \leqslant 20$ 时，　取 $\dfrac{e}{f} = \dfrac{48}{24}$，则 $i_x = \dfrac{a}{b} \cdot \dfrac{c}{d} = \dfrac{12K}{Z}$

当 $21 \leqslant \dfrac{Z}{K} \leqslant 142$ 时，取 $\dfrac{e}{f} = \dfrac{36}{36}$，则 $i_x = \dfrac{a}{b} \cdot \dfrac{c}{d} = \dfrac{24K}{Z}$

当 $\dfrac{Z}{K} \geqslant 143$ 时，　　　取 $\dfrac{e}{f} = \dfrac{24}{48}$，则 $i_x = \dfrac{a}{b} \cdot \dfrac{c}{d} = \dfrac{48K}{Z}$

3. 差动传动链

滚切斜齿齿轮和切向切入法滚切蜗轮时都要使用差动传动链，加工大于100齿的质数齿的齿轮（如齿数101、103、107、109、113等）也要用差动传动链。这里着重分析滚切斜齿齿轮时差动传动链的调整计算方法。

滚切斜齿齿轮时，差动传动链的两末端件是刀架与工作台。其计算位移是"刀架轴向移动一个导程 T（mm）——工作台附加转±1转"或"刀架轴向移动 S（mm）——工作台附加转 ±S/T 转"。传动路线为：刀架传动丝杠 XIV—XIII—XV—$\dfrac{a_2}{b_2} \cdot \dfrac{c_2}{d_2}$—XVI—IX—$\dfrac{e}{f} \cdot \dfrac{a}{b} \cdot \dfrac{c}{d}$—X—工作台 XIII。运动平衡式列写如下：

$$\frac{T}{3\pi} \times \frac{25}{2} \times \frac{2}{25} \times \frac{a_2}{b_2} \times \frac{c_2}{d_2} \times \frac{36}{72} \times i_{\Sigma 2} \times \frac{e}{f} \times i_x \times \frac{1}{72} = 1$$

式中：$i_{\Sigma 2} = 2$ 这是差动机构由转臂至左中心轮的传动比。

i_x 已在展成传动链求得，即

$$i_x = \frac{a}{b} \frac{c}{d} = \frac{f}{e} \frac{34K}{Z}$$

代入后，得调整公式：

$$i_y = \frac{a_2}{b_2} \frac{c_2}{d_2} = \frac{9\pi Z}{KT} \tag{1-18}$$

式中：T 是工件齿长的螺旋线导程，斜齿齿轮工作图上一般不标注导程 T，而标注齿的螺旋角 β。为了便于计算，应将 T 换算成 β 的表达式。把斜齿齿轮的齿长螺旋线展开至一个导程，如图1.3-4（a），所示。从该图得下列关系：

$$T = \frac{\pi m_s Z}{\tan\beta} = \frac{\pi m Z}{\tan\beta \cos\beta} = \frac{\pi m Z}{\sin\beta}$$

式中：m_s 和 m 分别为端面模数和法向模数。将 T 的表达式代入之，又得调整公式：

$$i_y = \frac{a_2}{b_2} \frac{c_2}{d_2} = 9 \frac{\sin\beta}{mK} \tag{1-19}$$

对于差动传动链的运动平衡式和调整公式，可作如下一些分析：

(1)差动传动链是保证齿长螺旋线精确性的内传动链，交换挂轮传动比应配算准确。但是，调整公式中包含无理数 $\sin\beta$，这就给精确配算挂轮 $\dfrac{a_2}{b_2}\cdot\dfrac{c_2}{d_2}$ 带来困难。挂轮个数有限，而且与展成传动链共用一套挂轮。为保证展成挂轮传动比绝对准确，一般先选定展成挂轮，剩下的供差动挂轮选择，所以无法配算得准确，只能近似配算，允许有一定误差。选配的差动挂轮传动比与按调整公式计算所要求的传动比之间的误差，对于 8 级精度的斜齿齿轮，要准确到小数点后第四位数字（即小数点后第五位数字才允许有误差）；对于 7 级精度的齿轮，要准确到小数点后第五位数字。这样，才能保证由挂轮传动比误差带来的齿长螺旋角 β 误差不会超过精度标准中规定的齿向允差。

(2)运动平衡式中不仅包含了 i_y，而且包含有 i_x，这是因为展成挂轮安排在差动传动链与展成传动链的公用段（轴Ⅸ—Ⅹ—工作台）上的结果。这样的安排方案，可以经过代换使差动传动链调整公式中不包含工件齿数 Z 这个参数，就是说配算差动挂轮与工件齿数无关。它的好处在于：一对互相啮合的斜齿齿轮，其模数 m 相同，螺旋角 β 绝对值也相同。当用一把滚刀加工一对斜齿齿轮时，虽然两轮的齿数不同，但是可以用相同的差动挂轮，而且只需计算和调整挂轮一次。更重要的是，由于差动挂轮近似配算所产生的螺旋角误差，对两个斜齿齿轮都相同，因此仍可获得良好的啮合。

(3)刀架的传动丝杠采用模数螺纹，其螺距 $t=3\pi$。由于丝杠的螺距包含了 π 这个因子，故可消去运动平衡式中的 π，使所得到的调整公式不包含 π 因子。从而调整公式中的常数变成简单的常数，对于计算就简便得多。

(4)关于调整公式中常数的选择，与展成传动链调整公式常数选择的道理相似。选择的原则是，既考虑要满足加工斜齿齿轮模数 m 和螺旋角 β 的范围，又不能使差动挂轮传动比过大和过小。常用的常数为 6、8、9、10 等。

(5)差动传动链使工件获得附加旋转运动 B_4，它与展成运动中工件旋转运动 B_2 的方向相同为正，相反为负。工件附加旋转 B_4 的方向，可在差动挂轮中增加惰轮或不用惰轮来改变。但要明确，内传动链中改变传动方向起改变运动轨迹的作用。左旋和右旋螺旋齿长是两个不同的运动轨迹，它们靠差动传动链挂轮改变传动方向而获得的。

4. 轴向进给传动链

轴向进给传动链使滚刀刀架沿工件轴线做进给运动。Y3150E 型滚齿机是立式滚齿机，工件轴线是竖直布置的，刀架进给运动沿立柱导轨做竖直移动。滚切直齿和斜齿圆柱齿轮都要用轴向进给传动链。因为进给量以工件每转若干毫米计，传动链从工作台传至刀架，传动路线为工作台ⅩⅧ—Ⅹ—Ⅺ—Ⅻ—ⅩⅢ—ⅩⅨ—刀架。计算位移为"工作台 1 转——刀架进给 $S(\mathrm{mm})$"。运动平衡式为

$$1\times\frac{72}{1}\times\frac{2}{25}\times\frac{39}{39}\times\frac{a_1}{b_1}\times\frac{23}{69}\times i'_s\times\frac{2}{25}\times3\pi=S$$

由此可得调整公式

$$i_s=\frac{a_1}{b_1}i'_s=\frac{S}{1.447} \tag{1-20}$$

这里：像速度传动链一样，也是用一对挂轮与滑移齿轮组成的变速机构。用一对挂轮

时，其两挂轮轴心距可以固定不变，比用两对挂轮时的安装调整要方便得多。滑移齿轮变速主要用来适应在加工一个齿轮中粗切和精切时的不同进给量要求，不必更换挂轮，操作较简便。

进给运动方向的改变由挂轮实现，图示位置挂轮 a_1 装在轴 XI 上。若把挂轮 a_1 装在轴 XI 右边轴上，则传动方向就改变了。这是因为挂轮 a_1 安装在旋转方向不同的主动轴上，故传动方向得以改变。

这条传动链无论用于滚切直齿齿轮还是用于滚切斜齿齿轮都属于外传动链，可不必精确调整。进给运动速度的大小在一定范围内不影响齿长的形状，只影响齿面粗糙度。

5. 空行程传动链

为了对刀时调整刀架位置的需要，以及切削一刀后刀架退至原始位置，以便做第二次切削，机床上设有空行程快速传动链。在传动系统中，这条快速传动链由单独电动机（1.1kW，1410r/min）经链条传动带动轴 XⅢ，再经离合器、蜗轮副带动刀架丝杠 XⅣ，使刀架获得快速移动。这时，轴 XⅢ 上的滑移齿轮必须处于空挡位置，脱开进给传动里链，才能启动快速电动机（有电气联锁装置）。电动机正反转使刀架做上下快速移动。

这条快速传动链相当于一条外传动链，从快速电动机引到运动联系图（图 1.3.3（b））中的 11-12 之间某一环节。当加工斜齿齿轮时，启动快速传动链退回刀架的同时，工作台也伴随着快速旋转，因为差动传动链并未断开。因此，滚刀可以按照原来的螺旋运动轨迹退回，只是运动方向反过来了。这样，第二刀切削时滚刀刀齿仍能对上原来切出的齿槽，不会产生错牙。在启动快速传动链时，展成运动（B_1B_2）可以停止，也可以不停止。因为展成运动和螺旋运动（A_3B_4）本来就是两个独立的复合成形运动，使用快速传动链只不过使螺旋运动的速度加快了而已。

工作台也有快速移动，靠床身右端的液压油缸来实现。工作台手动移动机构，如传动系统图中右下方的蜗轮副 2/25、齿轮副 75/36 和丝杠螺母。径向切入法滚切蜗轮，就靠这套机构实现工作台径向手摇进给运动.

1.3.4　Y3150E 滚齿机床的主要结构

1. 合成机构

图 1-21 是 Y3150E 型滚齿机合成机构结构的立体图。图 1-22 是它的机构传动简图。范成运动从齿轮 Z_{56} 传入，差动传动链的附加运动从齿轮 Z_{72} 传入，这两个运动经合成机构合成（这时需要采用长齿三爪牙嵌离合器 M_2），从轴 IX 上的齿轮 e 传出至工件。

齿轮 Z_{56} 与合成机构右端的中心轮 a 是一体的双联齿轮，空套在轴 IX 上。另一个在左端的中心轮 b，则用键与轴 IX 固定在一起。两个相啮合的行星轮 c 和 d，除绕自己的轴线自转外，可随着合成机构的壳体 H 绕轴 IX 轴心线公转。当壳体 H 不转动时，合成机构里的齿轮（中心轮及行星轮）所构成的轮系，就如同普通轮系。

从传动原理图的分析已知，滚切直齿圆柱齿轮时，不用合成机构；而滚切斜齿圆柱齿轮时，由于要把两个运动合成加于工件，机床上要有合成机构。因此，机床的结构必须满足这两种情况的需要。为此 Y3150E 型滚齿机采用了"短齿"和"长齿"两种三爪牙嵌离合器 M_1 和 M_2（图 1-21，图 1-22）。"短齿"三爪牙嵌离合器 M_1 是用键与轴 IX 联接的，并且它的端面齿的长度，只能够与合成机构壳体的端面齿 m 相联接。因而，壳体 H 连同壳体内

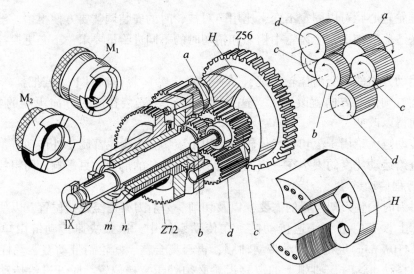

图1-21　Y3150E型滚齿机合成机构立体图

所有零件，通过M_1与轴Ⅸ成了一体。"合成机构"实际上就如同一个刚性的联轴器一样。这样的结构满足了滚切直齿圆柱齿轮的要求。

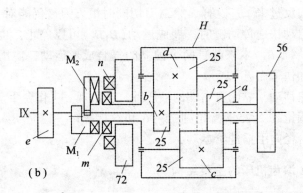

图1-22　Y3150E型滚齿机合成机构传动简图

"长齿"三爪牙嵌离合器M_2是在轴Ⅸ上空套的。它的端面齿比较长，足以把空套齿轮Z_{72}的端面齿n和壳体的端面齿m联接起来，于是便构成一个具有两个自由度的合成机构，起到将运动合成的作用，满足了滚切斜齿圆柱齿轮对结构的要求。

合成机构传动比的计算方法如下：

设中心轮a的转速为n_a，中心轮b的转速为n_b，壳体(系杆)H的转速为n_H。如果给整个机构一个$(-n_H)$的转速，则上述中心轮a和b的转速将分别为(n_a-n_H)及(n_b-n_H)，而壳体此时的转速为零$(n_H-n_H=0)$。因为壳体原转速为n_H，当给以一个大小相等、方向相反的转速$(-n_H)$后，壳体就不转动了。所以这时合成机构的行星轮系就变成为一般的齿轮轮系了，因而可得下列计算公式：

$$\frac{n_a-n_H}{n_b-n_H}=(-1)^m\frac{Z_b}{Z_d}\times\frac{Z_d}{Z_c}\times\frac{Z_c}{Z_d} \tag{1-21}$$

式中：m 为传动副对数，这里 $m=3$。

将齿轮齿数代入，得

$$\frac{n_a - n_H}{n_b - n_H} = (-1)^3 \frac{25}{25} \times \frac{25}{25} \times \frac{25}{25} = -1 \qquad (1\text{-}22)$$

根据这个计算公式，可得出合成机构各杆件之间的传动比：

（1）当壳体不转动时，即 $n_H = 0$，则两中心轮之间的传动比为

$$\frac{n_a}{n_b} = -1 \qquad (1\text{-}23)$$

即中心轮 a 与中心轮 b 的转速相同，转向相反。

（2）任一个中心轮不转，例如 $n_a = 0$，则壳体与中心轮 b 之间的转速有如下关系：

$$\frac{-n_H}{n_b - n_H} = -1, \qquad\qquad n_b = 2n_H \qquad (1\text{-}24)$$

如壳体 H 为主动，则中心轮 b 的转速为壳体 H 的 2 倍。此时，"通过合成机构的传动比" $i_{合成} = 2$；如壳体 H 为被动，则壳体 H 的转速为中心轮的一半，即传动比 $i_{合成} = 0.5$。

2. 刀具主轴

图 1-23 是 Y3150E 型滚齿机的滚刀箱及刀具主轴结构示意图。

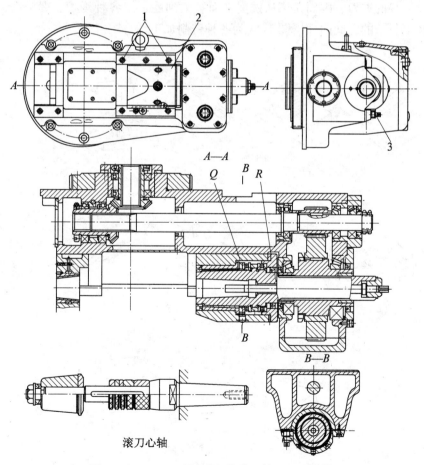

滚刀心轴

图 1-23　Y3150E 型滚齿机的滚刀箱及刀具主轴

（1）串刀机构。

为了提高滚刀寿命，使滚刀在全长上均匀地磨损，Y3150E 型滚齿机具有手动的滚刀轴刀机构。串刀时，先将夹紧主轴前轴承座 2 的压板螺钉 1 松开，然后手摇方头 3，前轴就移动。串刀后，夹紧主轴前轴承。Y3150E 型滚齿机主轴最大串刀量为 55mm。

（2）轴承间隙调整。

机床在长期使用后，主轴轴承磨损，间隙增大，其轴向串动及径向振摆超过允许值时，就必须调整。调整时减薄调整垫片 Q，但同时也应将调整垫片月减薄同样的厚度。如仅调整主轴轴向串动时，只须调整垫片 R。

1.4　其他机床

1.4.1　铣床

1. 工艺范围

铣床是用多刃铣刀进行铣削加工的机床，铣刀的旋转为主运动。由于平面的铣削比刨削生产效率高，因此，早先铣床是以取代刨床而出现的。后来刀具制作技术提高，能够制造各种复杂形状的铣刀，因而铣床从铣削平面扩大到能加工各种沟槽、螺旋面、回转面、齿形面以及更复杂的空间曲面。图 1-24 为各种铣削加工示意图。

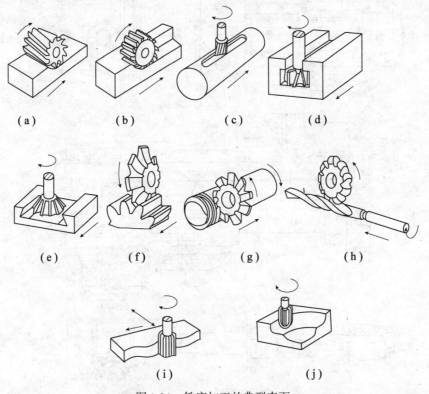

图 1-24　铣床加工的典型表面

2. 主要类型

铣床的类型较多，为适应加工工件尺寸和重量不同的有：升降台铣床、无升降台铣床和龙门铣床；为适应批量生产的有：圆工作台铣床、双端面铣床和鼓轮铣床；为适应某些特殊工件加工而发展的有：工具铣床、键槽铣床、曲轴铣床；为适应加工复杂曲面的有：液压仿形铣床、电气仿形铣床、数字程序控制铣床等。此外，还有与镗削加工相结合的铣镗床以及与磨削加工相结合的铣磨床。

3. 卧式铣床

卧式升降台铣床的主轴位置是水平的，所以习惯上称为"卧铣"。图 1-25 为机床的外观图，它由底座 8，床身 1，铣刀轴(刀杆)3，悬梁 2 及悬梁支架 6，升降工作台 7，滑座 5 及工作台 4 等主要部分组成。加工时，工件安装在工作台 4 上，铣刀装在铣刀轴(刀杆)3 上，铣刀旋转做主运动，工件移动做进给运动。工件可随工作台 4 做纵向运动(图中与纸面相垂直的方向)，如滑座 5 沿升降台 7 上部的导轨移动，可使工件做横向运动，升降台 7 可沿床身导轨升降，使工件做竖直方向的运动。悬梁 2 的右端可安装支承座，用以支承铣刀轴 3 的右端，以提高其刚度。悬梁支架 6 的作用是连接悬梁和升降台，使机床成框架结构，以提高机床的刚度和抗振性。卧式升降台铣床主要用于铣削平面，沟槽和成形表面等。

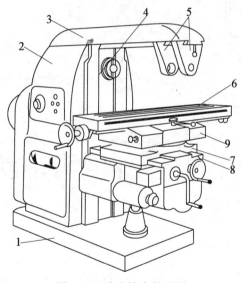

图 1-25　卧式铣床外形图

万能升降台铣床的结构与卧式升降台铣床基本相同，但其在工作台 4 与滑座 5 之间增加了一层转台。转台可相对于滑座在水平面内调整一定的角度(通常允许回转的范围是 ±45°)。工作台可沿转台上部的导轨移动。因此，当转台偏转至一定的角度位置后，就可使工作台的运动轨迹与主轴成一定的夹角，以便加工螺旋槽等表面。

1.4.2　镗床

1. 工艺范围

镗床也是以加工孔为主的机床，除了能胜任钻床所做的工作外，还能用镗刀镗孔和用铣刀铣削平面，因此，其工艺范围比钻床广得多（图1-26）。镗床特别适用于加工工件上的孔系，而且加工精度比钻床高。

2. 主要类型

镗床的型式主要是适应工件外形尺寸与重量不同、加工精度不同以及生产批量不同而发展的。简述于下：

（1）适应工件外形尺寸与重量不同的有卧式镗床、落地镗床和钵镗床；

（2）适应精密加工的有金刚镗床和坐标镗床；

（3）适应批量生产的有多轴镗床和数控自动换刀镗床。

数控自动换刀镗床又称"加工中心"。机床除了具有数字程序控制装置来控制其自动工作外，最大的特点是机床有能贮存数十把刀具的刀库，以及自动换刀的机械手。加工时由数字程序控制装置控制机床进行切削加工、换刀以及全部工作循环。由于刀库可贮存各种刀具，故当加工工序多的复杂箱体工件时，能对工件依次进行钻、扩、铣、镗、铰及攻丝等加工；当工件更换频繁时，只需更换程序或穿孔带和刀库中的刀具，机床调整较方便，自动化程度高，特别适应中小批生产。

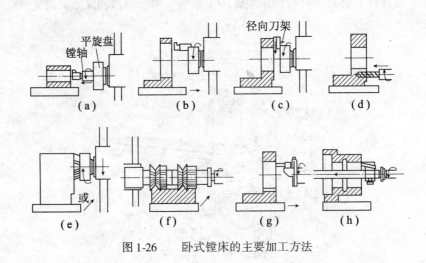

图1-26　卧式镗床的主要加工方法

3. 卧式镗床

T68型卧式镗床的主参数为主轴（镗轴）直径85mm。其工作范围很广，除镗孔外，可以钻孔、扩孔、铰孔、自锪沉孔、切螺纹、车端面、套车外圆、铣平面、切槽等，加工时的成形运动为镗轴旋转运动（主运动）和工件或镗轴直线移动（进给运动）。

机床布局和主要部件：

机床主轴呈水平布局型式，图1-27为机床的外观图。主要部件有：床身、前立柱、后立柱、主轴箱、工作台等。前立柱3固定在床身1上面，其前面悬挂有主轴箱2，它可以沿前立柱上的导轨做上下移动。主轴箱内水平布置的镗轴4可做轴向移动。主轴箱前端的平旋盘5上有一径向刀架，可在平旋盘的导轨上做径向移动，用以车端面或切槽。工作台共有三层：下层6安装在床身上可沿床身做纵向移动，中层7可沿下层的导轨做横向移动，上层8相对中层可绕垂直轴线在水平面内转位。后立柱9上有一支承架10，它可沿后立柱上的导轨做上下移动，用来支承长镗杆。后立柱还可沿床身导轨做纵向调整运动。

数控自动换刀镗床又称"加工中心"。机床除了具有数字程序控制装置来控制其自动工作外，最大的特点是机床有能贮存数十把刀具的刀库，以及自动换刀的机械手。加工时由数字程序控制装置控制机床进行切削加工、换刀以及全部工作循环。由于刀库可贮存各种刀具，故当加工工序多的复杂箱体工件时，能对工件依次进行钻、扩、铣、镗、铰及攻丝等加工；当工件更换频繁时，只需更换程序或穿孔带和刀库中的刀具，机床调整较方便，自动化程度高，特别适应中小批生产。

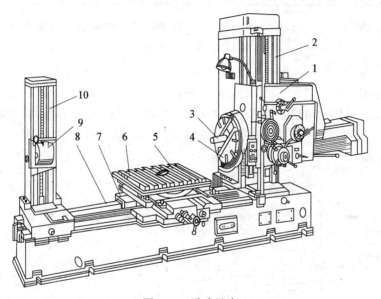

图 1-27　卧式镗床

1.4.3　钻床

1. 工艺范围

钻床是用钻头在工件上钻孔的机床。在钻床上还可以用扩孔钻扩孔，用铰刀铰孔，用锪钻、锪刀锪平面及锪沉头孔等。图 1-28 为钻床各种加工示意图，除攻丝时由刀具旋转运动与直线移动组成一个复合成形运动外，其余都是两个简单成形运动。

2. 主要类型

钻床可分为立式钻床、台式钻床、摇臂钻床以及深孔钻床等。钻床主参数是最大钻孔直径。

3. Z3040 型摇臂钻床

在大型零件上钻孔，希望工件不动，钻床主轴能任意调整其位置，因此摇臂钻床广泛地用于大、中型零件的加工。Z3040 型摇臂钻床的主参数为最大钻孔直径 40mm。是一种常用的中型摇臂机床。

图 1-29 为 Z3040 型摇臂钻床的传动系统。主运动链由主电动机(3kW，1440r/min)，双向摩擦片离合器 M_1，轴Ⅲ、Ⅳ、Ⅴ、Ⅵ上的四个双速滑移齿轮传至主轴Ⅶ的套筒，使

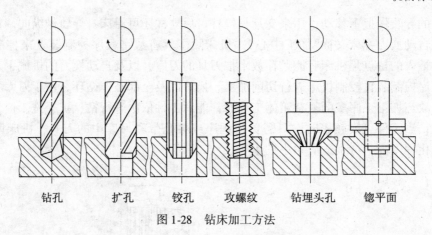

钻孔　　扩孔　　铰孔　　攻螺纹　　钻埋头孔　　锪平面

图 1-28　钻床加工方法

主轴转动。主轴上部与套筒为花键配合。主轴转速共 16 级，转速范围为 25～2000r/min。M_2 是制动器。进给传动链由主轴Ⅶ上的齿轮 37 开始，经过四对双联滑移齿轮变速及离合器、蜗轮副、齿轮到齿条套筒，带动主轴做轴向进给运动，可获得 16 级进给量，进给量范围为 0.04～3.2mm/r。

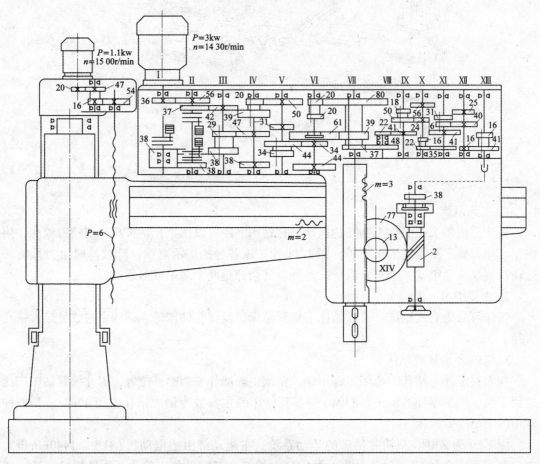

图 1-29　Z3040 型摇臂钻床传动系统

机床的辅助运动有主轴箱沿摇臂上的导轨做径向移动，外立柱绕内立柱在±180°范围内的回转运动，都是手动实现的；摇臂升降，是用辅助电机(1500r/min，1.1kW)经齿轮副传动丝杠($T=6$)旋转而得到的。

1.4.4　磨床

1. 工艺范围

用磨料或磨具(砂轮、砂带、油石或研磨料等)作为工具对工件表面进行切削加工的机床，统称为磨床。它们是因精加工和硬表面加工的需要而发展起来的。目前不少高效磨床也用于粗加工。磨床可用于磨削内、外圆柱面和圆锥面，平面，螺旋面，齿面以及各种成形面等，还可以刃磨刀具，应用范围非常广泛。

2. 主要类型

(1)为适应磨削不同的零件表面发展的通用磨床有：普通外圆磨床、万能外圆磨床、无心外圆磨床、普通内圆磨床、行星内圆磨床以及各种平面磨床、齿轮磨床和螺纹磨床等。

(2)为适应提高生产率要求发展的高效磨床有：高速磨床、高速深切快进给磨床、低速深切缓进给磨床、宽砂轮磨床、多砂轮磨床以及各种砂带磨床等。

(3)为适应磨削特殊零件发展的专门化磨床有：曲轴磨床、凸轮轴磨床、轧辊磨床、花键磨床、导轨磨床以及各种轴承滚道磨床等。

此外，还有各种超精加工磨床和工具磨床等。磨床在金属切削加工设备中所占的比重，常常作为衡量一个国家机械制造业的水平。

3. M1432A 型万能外圆磨床

(1)机床布局和主要部件。图 1-30 是 M1432A 型万能外圆磨床的外形图，它由下列各主要部分组成：①床身 1，它是磨床的基础支承件，支承着砂轮架、工作台、头架、尾架、垫板及向滑鞍等部件，使它们在工作时保持准确的相对位置。床身内部用作液压油的油池。②头架 2，它用于安装及夹持工件，并带动工件转动。③尾架 5，它和头架的前顶尖一起，用于支承工件。④砂轮架 4，用于支承并传动高速旋转的砂轮主轴。砂轮架装在滑鞍 7 上，当需磨削短圆锥面时，砂轮架可以调整至一定的角度位置。⑤内圆磨具 3，它用于支承磨内孔的砂轮主轴。内圆磨具主轴由单独的内圆砂轮电机驱动。⑥工作台 8，它由上工作台和下工作台两部分组成。上工作台可绕下工作台的心轴水平面内调整至某一角度位置，用以磨削锥度较小的长圆锥面。工作台台面上装有头架和尾架，这些部件随着工作台一起，沿床身纵向导轨做纵向往复运动。⑦滑鞍 6 及横向进给机构，转动横进给手轮 7，可以使横进给机构带动滑鞍，床身垫板 6 的导轨做横向移动。

(2)机床运动。包括：①砂轮旋转运动，它是磨削外圆的主运动，转速很高，只有一种转速；②工件旋转运动，它是工件的圆周进给运动，转速较低，并能在一定范围内调整；③工件纵向进给运动，它是直线往复运动，通常采用液压传动，以保证运动的平稳性，并可无级调速；④砂轮架横向进给运动，它是周期的切入进给运动，为使工件获得一定的尺寸精度。此外，机床上还有辅助运动，如砂轮架横向快速进退运动，尾架套筒轴向伸缩运动，工作台手摇纵向移动等。

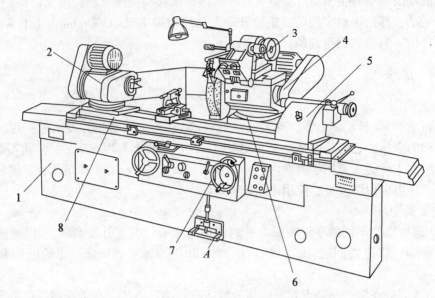

图 1-30　M1432A 型万能外圆磨床外形图

1.4.5　组合机床

1. 工艺范围

组合机床完成的工艺较多,可进行钻削(包括钻,扩、铰)、镗削(包括镗孔,车端面),车削、铣削、攻丝等。组合机床除采用多刀加工外,还可以多面加工(同时从工件的几个面加工)、多工位加工(几个工件同时顺序加工),并可将多台组合机床组成生产自动线,所以生产效率高。它主要用于大批、大量生产,如汽车、拖拉机、电机等行业。由于组合机床的专用部件少,因而大大缩短了机床的设计与制造周期,同时机床的成本也较低。

2. 主要类型

组合机床是一种由已经系列化、标准化的通用部件作为主体,再加上按照被加工零件的工艺要求而设计的专用部件组合而成的专用机床。在整台机床中,通用部件数量约占机床部件总数的 70% ~ 90%;而且专用部件也是由大量的标准零件所组成,只有极少数零件是专用件。组合机床的型式是根据加工工件要求不同而决定的。图 1-31 为单工位组合机床的几种型式,其中,图(a)、(d)为单面的,(b)、(e)、(f)为双面的,(c)为三面的。

3. 组合机床的主要部件设计的特点

(1)主要部件。

根据按机床工艺要求选用即可。按通用部件在机床上所起的作用不同,分为以下几类:①动力部件,动力部件是用来实现组合机床的主运动或进给运动的部件,动力部件因其功能不同,有动力滑台和动力箱以及各种专能单轴头;②支承部件,支承部件包括床身、立柱等,它用于安装和支承其他部件;③输送部件,输送部件用于夹具和工件的移动

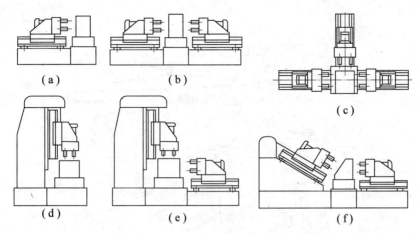

图 1-31 组合机床的几种类型

和转位，如多工位组合机床中的移动工作台、回转工作台、回转鼓轮以及自动线中的工件输送及转位装置等；④控制部件，控制部件是控制组合机床运动的一些部件，如液压控制装置、电气控制装置、控制挡块、操纵按钮台等，调整控制部件，可以使机床按照预定的程序进行工作，实现自动或半自动工作循环。此外，还有工件自动夹紧、冷却、润滑、排屑等辅助装置。组合机床的专用部件，主要有夹具、主轴箱及其他一些专门设计的部件。

（2）设计的特点。

组合机床的先进性与可靠性在很大程度上取决于工艺方案的选择。由于加工工艺方案基本上决定了机床配置型式、夹具结构和生产率等，因此全面分析被加工工件的工艺过程是设计组合机床的基础。在制定工艺过程时，考虑的主要问题是：工件刚性不足时，机床加工工序不可过分集中；加工尺寸大而笨重的工件时，宜采用单工位机床；加工大直径的深孔时，则多采用立式组合机床，等等。生产批量的大小，决定着机床加工是否工序集中或者分散。加工精度要求的不同，加工部位的特点，对确定工艺过程方案也有很大的影响。在充分考虑了被加工工件的工艺方案以后，便可以具体地进行机床的总体设计。在总体方案设计时，应确定所用的通用部件的类型和规格，同时，还应确定专用部件设计的有关尺寸参数，以及这些部件之间的联系尺寸等。这些内容，可通过被加工工件的工序图，加工示意图，机床联系尺寸图及生产率计算卡，即所谓"三图一卡"来表达。这种设计方法，对一般专用机床设计也是基本上适用的。

1.4.6 直线运动机床

1. 主要类型

直线运动机床的主运动为直线运动，有刨床和拉床两大类。

（1）刨床。刨床类机床主要用于加工各种平面和沟槽，表面成形方法是轨迹法。机床的主运动和进给运动均为直线运动。由于工件的尺寸和重量不同，表面成形运动有不同的分配形式。工件尺寸和重量较小时，由刀具的移动做主运动，进给运动由工件的移动来完成，牛头刨床属于这一类。牛头刨床多加工与安装基面平行的面，故为卧式。牛头刨床见图 1-32。底座 6 上装有床身 5，滑枕 4 带刀架 3 做往复主运动，滑座 2 可在床身上升降，

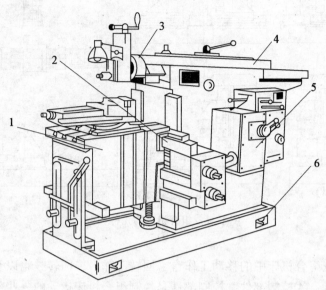

图 1-32　牛头刨床

以适应不同的工件高度。工作台 1 可在滑座上做横向进给。进给是间歇运动，在滑枕行程的后端进行。刨削较长的零件时，就不能采用牛头刨床式的布局了。因滑枕的行程太长，悬伸太长。这时，采用龙门式布局。大型龙门刨床往往还附有铣主轴箱(铣头)和磨头，以便在一次装夹中完成更多的工序。这时就称刨铣床或龙门刨铣磨床。这种机床的工作台既可做快速的主运动(刨削)，也可做低速的进给运动(铣、磨)。

（2）插床。多加工与安装基面垂直的面，如插键槽，故为立式。插床相当于立式牛头刨床。滑枕 5 带刀具做上下往复运动。工件可做纵横两个方向的移动。圆工作台还可做分度运动以插削按一定角度分布的几条键槽。如图 1-33 所示。

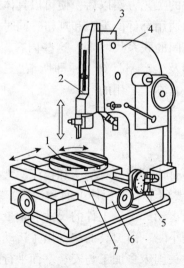

图 1-33　插床

牛头刨床和插床，刀具的回程都无法利用，反向时的冲击又限制了切削速度的提高，故生产率较低，多用于单件、小批生产车间和工具、修理车间。牛头刨床和插床，已在很大程度上分别被铣床和拉床所代替。

（3）拉床。拉床用拉刀进行通孔、平面及成形表面的加工。拉床有内（表面）拉床和外（表面）拉床两类，有卧式的，也有立式的。拉床的主参数是额定拉力，常见为50~400kN。

拉削时，拉刀使被加工表面一次切削成形，所以拉床只有主运动，没有进给运动。切削时，拉刀做平稳的低速直线运动。拉刀承受的切削力很大，因而通常是由液压驱动的。安装拉刀的滑座通常由液压缸的活塞杆带动。

拉削加工，切屑薄，切削运动平稳，因而有较高的加工精度（拉削孔、槽、平面的经济精度在 IT7~IT9 范围内）和较低的表面粗糙度（$Ra<0.62\mu m$）。拉床工作时，粗、精加工可在拉刀通过工件加工表面的一次行程中完成，因此生产率较高，是铣削的 3~8 倍。但拉刀结构复杂，成本较高，因此仅适用于大批大量生产。

1.4.7　数控机床

数控机床是一种由数字信号控制其动作的新型自动化机床，现代数控机床常采用计算机进行控制，即 CNC。它是综合应用计算机技术、自动控制、精密测量和机械设计等领域的先进技术成就而发展起来的一种新型自动化机床。它的出现和发展，有效地解决了多品种、小批量生产精密、复杂零件的自动化加工问题。

1. 数控机床的特点

（1）加工精度高、质量稳定。现代数控机床装备有 CNC 数控装置和新型伺服系统，具有很高的控制精度，普遍达到 0.001mm，高精度数控机床可达到 0.0002mm。数控机床的进给伺服系统采用闭环或半闭环控制，对反向间隙和丝杠螺距误差以及刀具磨损进行补偿，因而数控机床能达到较高的加工精度。对中小型数控机床，定位精度普遍可达到 0.03mm，重复定位精度可达到 0.01mm。数控机床的传动系统和机床结构都具有很高的刚度和稳定性，制造精度也比普通机床高。当数控机床有 3~5 轴联动功能时，可加工各种复杂曲面，并能获得较高精度。由于按照数控程序自动加工，避免了人为的操作误差，因而同一批加工零件的尺寸一致性好，加工质量稳定。

（2）柔性高。数控机床按照数控程序加工零件，当加工零件改变时，一般只需要更换数控程序和配备所需的刀具，不需要靠模、样板、钻镗模等专用工艺装备。数控机床可以很快地从加工一种零件转变为加工另一种零件，生产准备周期短，对加工对象的适应性强。所以数控加工方法为新产品的试制及单件、小批生产的自动化提供了极大的方便，或者说数控机床具有很好的"柔性"。

（3）加工形状复杂的工件比较方便。由于数控机床能自动控制多个坐标联动，因此可以加工一般通用机床很难甚至不能加工的复杂曲面。对于用数学方程式或型值点表示的曲面，加工尤为方便。

（4）自动化程度高。数控程序是数控机床加工零件所需的几何信息和工艺信息的集合。几何信息有走刀路径、插补参数、刀具长度半径补偿值；工艺信息有刀具、主轴转速、进给速度、冷却液开/关等。在切削加工过程中，自动实现刀具和工件的相对运动，自动变换切削速度和进给速度，自动开/关冷却液，数控车床自动转位换刀。操作者的任务是装卸工件、换刀、操作按键、监视加工过程等。

（5）生产效率较高。零件加工时间由机动时间和辅助时间组成，数控机床加工的机动时间和辅助时间比普通机床明显减少。

数控机床主轴转速范围和进给速度范围比普通机床大，主轴转速范围通常在 $10 \sim 6000r/min$，高速切削加工时可达 $15000r/min$，进给速度范围上限可达到 $10 \sim 12m/min$，高速切削加工进给速度超甚至过 $30m/min$，快速移动速度超过 $30 \sim 60m/min$。主运动和进给运动一般为无级变速，每道工序都能选用最有利的切削用量，空行程时间明显减少。数控机床的主轴电动机和进给驱动电动机的功率比同规格的普通机床大，机床的结构刚度高，有的数控机床能进行强力切削，有效地减少机动时间。

在数控机床上加工，对工夹具要求低，只需通用的夹具，又免去划线等工作，所以加工准备时间大大缩短；数控机床有较高的重复精度，可以省去加工过程中对零件的多次测量和检验时间；对箱体类零件采用加工中心进行加工，可以实现一次装夹，多面加工，生产效率的提高更为明显。

（6）具有刀具寿命管理功能。构成 FMC 和 FMS 的数控机床具有刀具寿命管理功能，可对每把刀的切削时间进行统计，当达到给定的刀具耐用度时，自动换下磨损刀具，并换上备用刀具。

（7）具有通信功能。现代 CNC 数控机床一般都具有通信接口，可以实现上层计算机与 CNC 之间的通信，也可以实现几台 CNC 之间的数据通信，同时还可以直接对几台 CNC 进行控制。形成计算机辅助设计与制造紧密结合的一体化系统，同时也为实现制造系统的快速重组及远程制造等先进制造模式创造了条件。

根据以上特点，数控机床最适合在单件、小批生产条件下，加工具有下列特点的零件：用普通机床难以加工的形状复杂的曲线、曲面零件；结构复杂、要求多部位、多工序加工的零件；价格昂贵、不允许报废的零件；要求精密复制或准备多次改变设计的零件。

2. 数控机床的组成与工作原理

数控机床通常由输入介质、数控装置、伺服系统和机床本体 4 个基本部分组成（图 1-34）。数控机床的工作过程大致如下：机床加工过程中所需的全部指令信息，包括加工过程所需的各种操作（如主轴变速、主轴启动和停止、工件夹紧与松开、选择刀具与换刀、刀架或工作台转位、进刀与退刀、冷却液开关等），机床各部件的动作顺序以及刀具与工件之间的相对位移量，都用数字化的代码来表示，由编程人员编制成规定的加工程序，通过输入介质送入数控装置。数控装置根据这些指令信息进行运算与处理，不断地发出各种指令，控制机床的伺服系统和其他执行元件（如电磁铁、液压缸等）动作，自动地完成预定的工作循环，加工出所需的工件。

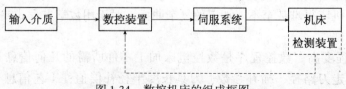

图 1-34　数控机床的组成框图

（1）输入介质。

数控机床工作时，不需要人去直接操作机床，但又要执行人的意图，因此人和数控机床之间必须建立某种联系，这种联系的媒介物称之为输入介质或信息载体、控制介质。输入介质上存储着加工零件所需要的全部操作信息和刀具相对工件的移动信息。输入介质按数控装置的类型而异，可以是磁盘、磁带，也可以是穿孔纸带或其他信息载体。

以数字化代码的形式存储在输入介质上的零件加工工艺过程，通过信息输入装置（如磁盘驱动器、键盘、磁带阅读机或光电阅读机等）输送到数控装置中。

（2）数控装置。

数控装置是数控机床的运算和控制系统，一般由输入接口、存储器、控制器、运算器和输出接口等组成，如图 1-35 所示。

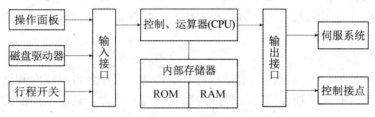

图 1-35　数控装置原理图

输入接口接收输入介质或操作面板上的信息，并将信息代码加以识别，经译码后送入相应的存储器，作为控制和运算的原始依据。

控制器根据输入的指令控制运算器和输出接口，使机床按规定的要求协调地进行工作。

运算器接收控制器的指令，及时地对输入数据进行运算，并按控制器的控制信号不断地向输出接口输出脉冲信号。

输出接口则根据控制器的指令，接收运算器的输出脉冲，经过功率放大，驱动伺服系统，使机床按规定要求运动。

数控装置中的译码、处理、计算和控制的步骤都是预先安排好的。这种安排可以用专用计算机的硬件结构来实现（称为硬件数控或简称 NC：Numerical Control），也可以用通用微型计算机的系统控制程序来实现（称为软件控制或简称 CNC：Computer Numerical Control）。用微型计算机构成数控装置，其 CPU 实现控制和运算；内部存储器中的只读存储器（ROM）存放系统控制程序，读写存储器（RAM）存放零件的加工程序和系统运行时的中间结果；I/O 接口实现输入输出功能。

（3）伺服系统。

伺服系统的作用是把来自数控装置的脉冲信号转换为机床移动部件的运动，使工作台（或溜板）精确定位或按规定的轨迹做严格的相对运动，以加工出符合图纸要求的零件。

伺服系统由伺服驱动装置和进给传动装置两部分组成。对于闭环控制系统，则还包括工作台等机床运动部件的位移检测装置。数控装置每发出一个脉冲，伺服系统驱动机床运动部件沿某一坐标轴进给一步，产生一定的位移量。这个位移量称为脉冲当量。显然，数控装置发出的脉冲数量决定了机床移动部件的位移量，而单位时间内发出的脉冲数（即脉冲频率)则决定了部件的移动速度。

（4）机床。

它是在普通机床的基础上发展起来的，但也做了许多改进和提高，如采用轻巧的滚珠丝杠进行传动，采用滚动导轨或贴塑导轨消除爬行，采用带有刀库及机械手的自动换刀装置来实现自动快速换刀，以及采用高性能的主轴系统，并努力提高机械结构的动刚度和阻尼精度等。

3. 数控机床的分类及应用范围

数控机床的分类方法有多种，如从数控机床应用的角度分类，可分为数控车床、数控铣床、加工中心和多轴数控铣床等。

（1）数控车床。

数控车床的机床本体与普通车床在结构布局上相差不大，在普通车床上能够完成的加工内容都可以在数控车床上完成，另外，由于具有数控系统和伺服系统，数控车床还能加工各种回转成形面。

（2）数控铣床。

数控铣床主轴带动刀具旋转，主轴箱可上下移动，工作台可沿横向和纵向移动。由于大部分数控铣床具有三个轴及三个轴以上的联动功能，因此，具有空间曲面的零件可以在数控铣床上加工。

（3）多轴数控铣床。

如果使数控铣床的工作台和主轴箱实现如图 1-36 所示的 C 向和 B 向的转动进给，就构成了五轴数控铣床（在数控加工中，三轴、五轴的含义与三坐标、五坐标含义相同）。它可以加工更为复杂的空间曲面。

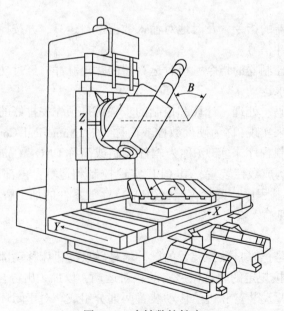

图 1-36　多轴数控铣床

（4）加工中心。

加工中心通常是指镗铣加工中心，主要用于加工箱体及壳体类零件，工艺范围广。加工中心具有刀具库及自动换刀机构、回转工作台、交换工作台等，有的加工中心还具有可交换式主轴头或卧—立式主轴。加工中心目前已成为一类广泛应用的自动化加工设备，它们可作为单机使用也可作为 FMC、FMS 中的单元加工设备。加工中心有立式和卧式两种基本形式，前者适合于平面形零件的单面加工，后者特别适合于大型箱体零件的多面加工。

图 1-37 所示为立式加工中心。加工中心的刀库可以存放数十把刀具，由自动换刀装置进行调用和更换。工件在加工中心上，一次装夹可完成多项加工内容，生产效率比数控铣床大大提高。

加工中心除了具有一般数控机床的特点外，它还具有其自身的特点。加工中心必须具有刀具库及刀具自动交换机构，其结构形式和布局是多种多样的。FMC 和 FMS 中的加工中心通常需要大量刀具，除了满足不同零件的加工外，还需要后备刀具，以实现在加工过程中实时更换破损刀具和磨损刀具，因而要求刀库的容量较大。换刀机械手有单臂机械手和双臂机械手，180°布置的双臂机械手应用最普遍。

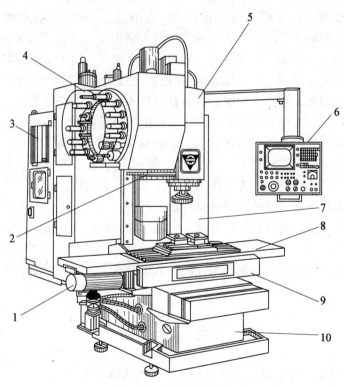

图 1-37　立式加工中心

回转工作台是卧式加工中心实现 B 轴运动的部件，B 轴的运动可作为分度运动或进给运动。回转工作台有两种结构形式，仅用于分度的回转工作台用鼠齿盘定位，分度前工作台抬起，使上下鼠齿盘分离，分度后落下定位，上下鼠齿盘啮合，实现机械刚性连接。用于进给运动的回转工作台用伺服电机驱动，用回转式感应同步器检测及定位，并控制回转速度，也称数控工作台。数控工作台和 X、Y、Z 轴及其他附加运动构成 4~5 轴轮廓控制，可加工复杂轮廓表面。

卧式加工中心可对工件进行 4 面加工，带有卧一立式主轴的加工中心可对工件进行 5 面加工。卧一立式主轴是采用正交的主轴头附件，可以改变主轴角度方位 90°，因而它得到用户的普遍认可和欢迎。另外，由于它是减少了机床的非加工时间和单件工时，可以提高机床的利用率。

加工中心的交换工作台和托盘交换装置配合使用，实现了工件的自动更换，从而缩短了消耗在更换工件上的辅助时间。

(5)车削中心。

车削中心比数控车床工艺范围宽，工件一次安装，几乎能完成所有表面的加工，如内外圆表面、端面、沟槽、内外圆及端面上的螺旋槽、非回转轴心线上的轴向孔、径向孔等。

车削中心回转刀架上可安装如钻头、铣刀、铰刀、丝锥等回转刀具，它们由单独电动机驱动，也称自驱动刀具。在车削中心上用自驱动刀具对工件的加工分为两种情况，一种是主轴分度定位后固定，对工件进行钻、铣、攻螺纹等加工；另一种是主轴运动作为一个控制轴(C轴)，C 轴运动和 X、Z 轴运动合成为进给运动，即三坐标联动，铣刀在工件表面上铣削各种形状的沟槽、凸台、平面等。在很多情况下，工件无须专门安排一道工序，单独进行钻、铣加工，消除了二次安装引起的同轴度误差，缩短了加工周期。

车削中心回转刀架通常可装刀具 12~16 把，这对无人看管柔性加工来说，刀架上的刀具数是不够的。因此，有的车削中心装备有刀具库，刀库有筒形或链形，刀具更换和存储系统位于机床一侧，刀库和刀架间的刀具交换由机械手或专门机构进行。

车削中心采用可快速更换的卡盘和卡爪，普通卡爪更换时间需要 20~30min，而快速更换卡盘、卡爪的时间可控制在 2min 以内。卡盘有 3~5 套快速更换卡爪，以适应不同直径的工件。如果工件直径变化很大，则需要更换卡盘。有时也采用人工在机床外部用卡盘夹持好工件，用夹持有新工件的卡盘更换已加工的工件卡盘，工件一卡盘系统更换常采用自动更换装置。由于工件装卸在机床外部，实现了辅助时间上和机动时间的重合，因而几乎没有停机时间。

现代车削中心工艺范围宽，加工柔性高，人工介入少，加工精度、生产效率和机床利用率都很高。

习题与思考题

1. 指出下列机床型号中各位字母和数字代号的具体含义。

CG6125B   XK5040   Y3180

2. 机床的主要技术参数有哪些？

3. 举例说明何谓简单运动？何谓复合运动？其本质区别是什么？

4. 举例说明何谓内、外联系传动链？其本质区别是什么？对这两种传动链有何不同要求？

5. 分析 *CA*6140 型卧式车床的传动系统：①分析车削径节螺纹时的传动路线，列出运动平衡式，说明为什么此时能车削出标准的径节螺纹；②当主轴转速分别为 40、160 及 400r/min 时，能否实现螺距扩大 4 及 16 倍？为什么？③为什么用丝杠和光杠分别担任切削螺纹和车削进给的传动？如果只用其中的一个，既切削螺纹又传动进给，将会有什么问题？④为什么在主轴箱中有两个换向机构？能否取消其中一个？溜板箱内的换向机构又有什么用处？⑤溜板箱中为什么要设置互锁机构？

6. 在 *CA*6140 卧式车床的主轴箱结构中如何限制主轴的五个自由度？主轴前后轴承的间隙怎样调整？主轴上作用的轴向力是如何传递给箱体的？

7. 根据滚齿轮传动原理图的分析：①试定量分析用 Y3150E 滚齿轮加工齿数为 101 齿的直齿齿轮。②用 Y3150E 滚齿轮加工斜齿齿轮能否不用差动传动链？为什么？

8. 孔加工机床有哪些？各有什么不同？

9. 试画出直线运动机床可加工的表面，直线加工机床有什么特点？

10. 磨床加工仅适合精加工吗？为什么？

11. 什么是组合机床的"三图一卡"？

第2章　机床总体方案设计

2.1　概　　述

金属切削机床是机械制造业的基础装备，它随着科学技术突飞猛进的发展和微电子、航天、国防等工业的发展需要，正朝着高精度、自动化、柔性化、微型化和集成化方向迅速发展。计算机控制技术的发展与应用，使得机床的传动与结构发生了重大变化，伺服驱动系统可以方便地实现机床的多轴联动，简化了机械传动系统设计，使其结构及布局也发生了变化。

计算机技术和分析技术的进步，为机床设计理论和技术的发展提供了有力的技术支撑。计算机辅助设计(CAD)和计算机辅助工程(CAE)已广泛应用于机床设计的各个阶段，改变了传统的经验设计方法，由定性设计向定量设计，由静态和线性分析向动态仿真和非线性分析，由可行性设计向最优化设计过渡。

2.1.1　基本概念

1. 机床精度

机床精度是反映机床零部件加工和装配误差大小的重要技术指标，会直接影响工件的尺寸误差、形位误差和表面粗糙度。

(1)几何精度。指最终影响机床工作精度的那些零部件的精度，包括尺寸、形状、相互位置精度等，如直线度、平面度、垂直度等，是在机床静止或低速运动条件下进行测量，可反映机床相关零部件的加工与装配质量。

(2)传动精度。机床内联系传动链两端件之间相对运动的准确性，反映传动系统设计的合理性及有关零件的加工和装配质量。

(3)运动精度。机床主要零部件在工作状态速度下无负载运转时的精度，包括回转精度(如主轴轴心漂移)和直线运动的不均匀性(如运动速度周期性波动)等。运动精度与传动链的设计、加工与装配质量有关。

(4)定位精度。机床有关部件在直线坐标和回转坐标中定位的准确性，即实际位置与要求位置之间误差的大小，主要反映机床的测量系统、进给系统和伺服系统的特性。

(5)工作精度。机床对规定试件或工件进行加工的精度，不仅能综合反映出上述各项精度，而且还反映机床的刚度、抗振性及热稳定性等特性。

2. 机床性能

机床在加工过程中产生的各种静态力、动态力以及温度变化，会引起机床变形、振动、噪声等，给加工精度和生产率带来不利影响。机床性能就是指机床对上述现象的抵抗能力。由于影响的因素很多，在机床性能方面，还难于像几何精度检验那样，制定出确切的检测方法和评价指标。

（1）刚度。又称静刚度，是机床整机或零部件在静载荷作用下抵抗弹性变形的能力。如果机床刚度不足，在切削力等载荷作用下，会使有关零部件产生较大变形，恶化这些零部件的工作条件，特别会引起刀具与工件间产生较大位移，影响加工精度。

（2）抗振能力。机床的抗振能力是指抵抗产生受迫振动和切削自激振动（切削颤振）的能力，习惯上称前者为抗振性，后者为切削稳定性。机床的受迫振动是在内部或外部振源、即交变力的作用下产生的，如果振源频率接近机床整机或某个重要零部件的固有频率时，会产生"共振"，必须加以避免。切削颤振是机床—刀具—工件系统在切削加工中，由于内部具有某种反馈机制而产生的自激振动，其频率一般接近机床系统的某个固有频率。

机床零部件的振动会恶化其工作条件、加剧磨损、引起噪声；刀架与工件间的振动会直接影响加工质量、降低刀具寿命，是限制机床生产率发挥的重要因素。

（3）噪声。机床在工作中的振动还会产生噪声，这不仅是一种环境污染，而且能反映机床设计与制造的质量。随着现代机床切削速度的提高、功率的增大、自动化功能的增多，噪声污染问题也越来越严重，降低噪声是机床设计者的重要任务之一。根据有关规定，普通机床和精密机床不得超过 85dB，高精度机床不超过 75dB，对于要求严格的机床，前者应压缩到 78dB，后者应降低到 70dB。除声压级以外，对噪声的品质也有严格要求，不能有尖叫声和冲击声，应达到所谓"悦耳"的要求。机床噪声源包含机械噪声、液压噪声、电磁噪声和空气动力噪声等不同成分，在机床设计中要提高传动质量，减少摩擦、振动和冲击，减少机械噪声。

（4）热变形。机床工作中由于受到内部热源和外部热源的影响，使机床各部分温度发生变化，引起热变形。机床热变形会破坏机床的原始精度，引起加工误差，还会破坏轴承、导轨等的调整间隙，加快运动件的磨损，甚至会影响正常运转。据统计，热变形引起的加工误差可达总误差 70% 以上，特别是对于精密机床、大型机床以及自动化机床，热变形的影响是不容忽视的。

机床的内部热源有电动机发热，液压系统发热，轴承、齿轮等摩擦传动发热以及切削热等；机床的外部热源主要是机床的环境温度变化和周围的辐射热源。

机床设计中要求采取各种措施减少内部热源的发热量、改善散热条件、均衡温度、减少温升和热变形；还可采用热变形补偿措施，减少热变形对加工精度的影响等。

2.1.2　机床总体设计的基本内容和要求

1. 工艺范围

机床的工艺范围是指机床适应不同生产要求的能力。任何一台机床所能完成的加工工件类型、工件材料和尺寸、毛坯形成和工序等都是有一定范围的。一般说来，工艺范围窄（如专用机床），则机床的结构较为简单，容易实现自动化，生产效率也较高。但机床工艺范围过窄，会限制加工工艺和产品的更新；而盲目扩大机床工艺范围，将使机床的结构趋于复杂，不能充分发挥机床各部件的性能，甚至影响机床主要性能的提高，增加机床的生产成本。机床的功能主要根据被加工对象的批量来选择。大批量生产用的专用机床的功能设置较少，只要满足特定的工艺范围要求就行了，以获得提高生产率、缩短机床制造周期及降低机床成本等效果；单件小批量生产用的通用机床则要求在同一机床上能完成多种多样的工作，还要适应不同工业部门行业的需要，故通用机床的工艺范围较宽。

为了扩大机床的工艺范围，可以在通用机床，尤其是大型机床上增设一些附件，或把不同的工种综合在一台机床上，如车镗床、镗铣床等。

2. 刚度

机床的刚度将影响机床的加工精度和生产率，因此机床应有足够的刚度。刚度包括静态刚度、动态刚度、热态刚度。为了提高机床的刚度，机床应尽量形成框架式结构，如龙门刨床、龙门铣床、坐标镗床、立式车床等都采用龙门框架式结构以增强刚性。有的机床如单臂龙门刨床，为了加大被加工工件的尺寸范围而不用龙门式结构，这时刚度将有所降低。

3. 加工精度

要保证能加工出一定精度的工件，作为工作母机的机床必须满足更高的精度要求。设计加工精度和表面质量要求较高的机床时，在机床布局阶段要注意采取措施，尽量提高机床的传动精度和刚度，减少振动和热变形。例如，精度要求较高的机床常使液压传动的油箱与床身分开，以减少热变形的影响。此外，应减小机床加工中的振动，精密和高速机床常采用分离传动，将电动机和变速箱等振动较大的部件与工作部件(如主轴)分装在两个地方。

为了提高机床的传动精度，除了适当地选择传动件的制造精度外，应尽量缩短传动链。在设计传动精度要求特别高的机床如精密丝杠车床时，为了缩短传动链，就取消了卧式车床所用的进给箱，从主轴到刀架之间只经过挂轮架，另外还把传动丝杠移在床身的两导轨之间，以减少刀架的颠覆(侧转)力矩。

4. 便于操作、观察与调整

机床的布局必须充分考虑到操纵机床的人，处理好人机关系，满足人机工程学的设计准则。充分发挥人与机床各自的特点，使人机的综合效能达到最佳。在进行机床的总体设计，考虑达到技术经济指标的同时，必须注意到操作者的生理和心理特点。

机床各部件相对位置的安排，应考虑到便于操作和观察加工的情形。例如，卧式车床的床头箱在左面，而镗床的镗头在右边，都是为了适应右手操作的习惯和便于观察测量。卧式车床由于车刀和刀架较小，为便于操作，刀架一般布置在工件前面；外圆磨床的砂轮架较大，为便于操作者接近工件，一般布置在工件的后边。

安装工件部位的高度和深度应正好处于操作者手臂平伸的位置。为适应一般操作者的身高，对安装工件位置较低的机床，应将床腿或底座垫高；安装工件位置较高的大型机床，应备有相应的脚踏板。倾斜式床身的布局可便于安装工件、更好地观察加工情况，还可避免操作者弯腰工作，以减轻疲劳。

操作、调整部位和工作区域各操作手柄的安排，应考虑到人在站立和坐下时的基本尺寸和四肢的活动范围。根据四肢能达到的难易程度，还有最大工作区、正常工作区和最佳工作区之分。为了便于检修，要考虑到人体蹲下时较适于工作的区域，还应考虑到操作者可能达到的最大视野和反应敏锐的视野区等。常用的操纵机构，应集中在便于操作的区域；床身底部结构可容纳脚伸入，使操作者能贴近机床而便于操作；在大型机床上，还可采用悬挂式按钮站；对于采用人机对话编程的数控机床，显示屏幕和操作键盘都应放在适于操作和观察的位置上。

对于生产率和自动化程度较高的机床，还应注意排屑问题。例如，多轴自动车床的凸轮轴布置在纵刀架的上面就比布置在下面有利于排屑。

5. 噪声

噪声损坏人的听觉器官和生理功能，是一种环境污染。设计和制造过程中要设法降低噪声。

6. 标准化与模块化

机床品种系列化、零部件通用化和零件标准化统称为标准化。提高标准化程度对发展机床品种、规格、数量和质量，对机床的制造、使用、维护和修理，对于新产品设计和老产品革新等方面有十分重要的意义。标准化是我国一项重要的技术政策，也是产品设计的方向。系列化包括机床参数标准的制订、型谱的编制和产品的系列设计，主要用于通用机床。

不同型号的机床采用相同的零部件称为零部件通用化。这些适用于不同品种机床中的零部件称为通用件。通用化使零部件品种减少，生产批量增加，便于组织生产，降低机床制造成本，缩短设计制造周期，加快机床品种的发展。

机床的模块化设计，是指对机床上同一功能的单元(如主轴箱、溜板箱、进给箱、尾架等)，将其设计成不同性能相用途的可以互换的部件(又称为模块)，通过对这些模块的不同组合，得到各种不同规格的通用、变型或专用机床。

图 2-1 所示为采用标准化模块构成不同用途(或性能)的普通车床。其主轴箱模块有基本变速范围主轴箱 1、小变速范围主轴箱 2、大变速范围主轴箱 3、可调变速范围主轴箱 4和双轴主轴箱模块 5；进给箱模块有用于进给和车螺纹的模块 6，仅用于进给的模块 7 和单速进给模块 8；夹紧装置有气动夹紧模块 9、液压夹紧模块 10、电磁夹紧模块 11；刀架模块有仿形刀架 12、转位刀架 13、立轴式转塔架 14 和卧轴式转塔刀架 15；尾架模块有气动尾架 16、液压尾架 17、钻孔用尾架 18 和双轴尾架 19；快速进给机构有快速行程模块 20

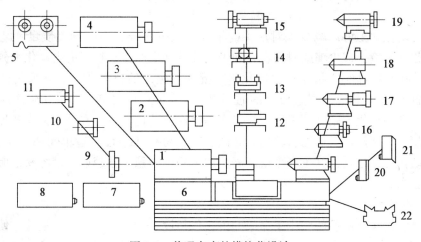

图 2-1　普通车床的模块化设计

和双刀架快速进给机构模块21，还有双刀架用的床身模块22。此外，根据需要，还可以设计出其他的许多模块。而这些模块间的组合，就可形成各种不同规格和相用途的普通车床或专用车床。例如，采用了模块化设计的仪表车床，最大工件回转直径为200mm，共设计了54个基本模块，则由此至少可以组成202种机床。

一般认为，进行机床模块化设计应遵循的四项基本原则：①分离原则，即将机床分离成满足多种需要，性能合理，只有一种功能的部件模块；②统一原则，即统一为结构合理的尺寸系列，能保证满足多种需要的合理模块；③联接原则，确保模块间的联接刚度和装配精度，模块重复使用时的可靠性；④适应原则，以适应可以任意组合成所需要的机床。

7. 柔性

随着多品种小批量生产的发展，对机床的柔性要求越来越高。机床的柔性是指其适应加工对象变化的能力，包括空间上的柔性和时间上的柔性。所谓空间柔性也就是功能柔性，指的是在同一时期内，机床能够适应多品种小批量的加工，即机床的运动功能和刀具数目多，工艺范围广，一台机床具备几台机床的功能，因此在空间上布置一台高柔性机床，其作用等于布置了几台机床。所谓时间上的柔性也就是结构柔性，指的是在不同时期，机床各部件经过重新组合，构成新的机床功能，即通过机床重构，改变其功能，以适应产品更新变化快的要求。如在有的单件或极小批量FMS作业线上，经过识别装置对下一个待加工的工件进行识别，根据其加工要求，在作业线上就可自动进行机床功能重构，有些重构几秒钟内即可完成，这就要求机床的功能部件具有快速分离与组合的功能。

8. 开放性

开放性是指机床与物流系统之间进行物料(如工件、刀具、切屑等)交接的方便程度。对于单机工作形式的普通机床，是由人进行物料交接的，要求方便地使用、操作、清理和维护机床。对于自动化柔性制造系统，机床与物流系统(如输送线)是自动进行物料交接的，要求机床结构形式开放性好，物料交接方便。

9. 生产率和自动化

机床的生产率用单位时间内机床所能加工的工件数量来表示。机床的切削效率越高，辅助时间越短，其生产效率就越高。对用户而言，使用高效率的机床，可以降低工件的加工成本。

机床自动化加工可以减少人对加工的干预，减少失误，保证加工质量；减轻劳动强度，改善劳动环境；减少辅助时间，有利于提高劳动生产率。机床的自动化可分为大批大量生产自动化和单件小批量生产自动化。大批大量生产的自动化，通常采用自动化单机(如自动机床、组合机床或经过改造的通用机床等)和由它们组成的自动生产线。对于单件小批量生产自动化，则必须采用数控机床等柔性自动化设备，在数控机床及加工中心的基础上，配上计算机控制的物料输送和装卸装备，可构成柔性制造单元和柔性制造系统。机床的自动化程度越高，其生产率就越高，加工精度的稳定性越好，越容易适应自动化制造系统的要求。

10. 成本

成本概念贯穿在产品的整个生命周期内，包括设计、制造、包装、运输、使用维护和报废处理等的费用，是衡量产品市场竞争力的重要指标，应在尽可能保证机床性能要求的前提下提高其性能价格比。

11. 可靠性

应保证机床在规定的使用条件下，在规定的时间内，完成规定的加工功能时，无故障运行的概率要高。

12. 造型与色彩

机床在经济、适用的前提下，应注意造型设计，使机床美观大方、匀称和谐，符合造型、色彩设计准则。机床外形的设计应使部件的尺寸比例协调匀称，支承件与被支承件的比例要适当，给人以稳定而安全的感觉。同一机床的线条应尽量统一，体和面的关系也应力求简单。

机床的色彩是附着于机床形体之上的，然而往往它比造型更具有吸引力，先于形体进入人的感官。机床的色彩调配得当，更能增加机床的美感。通常以单色为宜，目前国内外在各种机床用得较多的颜色是苹果绿，它给人以适宜、舒畅的感觉，同时也是一种耐油污的隐蔽色。目前有些机床，尤其是加工中心，趋向于采用套色，颜色比较和谐时给人以清晰明快的感觉。采用套色可以减弱形体的笨重感，突出造型的重点部位，增强机床产品的空间层次。机床的一些外露件(如面板、手轮、手柄等)和装饰件(如商标、荣誉质量标记等)，还有一些形象符号，都要用醒目的颜色。为引起人们的注意，警示部分的色调要鲜艳夺目。人们对机床色彩的爱好是不同的，应根据不同对象的不同要求决定。随着时间的推移，人们的要求也会有所变化，会提出新的要求，设计人员应随时注意这种变化，创造出具有时代特点的与布局协调的色彩风格。

2.1.3　设计步骤

机床的基本设计内容及步骤可概括如下：

1. 主要技术指标设计

主要技术指标设计是后续设计的前提和依据。设计任务的来源不同，如工厂的规划产品，或根据机床系列型谱进行设计的产品，或用户订货等，其具体的要求不同，但所要进行的内容大致相同。主要技术指标包括：

(1)用途。指机床的工艺范围，包括加工对象的材料、质量、形状及尺寸等。

(2)生产率。包括加工对象的种类、批量及所要求的生产率。

(3)性能指标。包括加工对象所要求的精度(用户订货设计)或机床的精度、刚度、热变形及噪声等性能指标。

(4)主要参数。指确定机床的加工空间和主参数。

(5)驱动方式。机床的驱动方式有电动机驱动和液压驱动方式。电动机驱动方式中又有普通电动机驱动、步进电动机驱动与伺服电动机驱动。驱动方式的确定不仅与机床的成本有关，还将直接影响传动方式的确定。

(6)成本及生产周期。无论是订货还是工厂规划的产品，都应确定成本及生产周期方面的指标。

2. 总体方案设计

总体方案设计包括：

(1)运动功能设计。包括确定机床所需运动的个数、形式(如直线运动、回转运动)、功能(如主运动、进给运动、其他运动)及排列顺序，最后画出机床的运动功能图。

(2)基本参数设计。包括尺寸参数、运动参数和动力参数设计。

(3)传动系统设计。包括传动方式、传动原理图及传动系统图设计。

(4)总体结构布局设计。包括运动功能分配、总体布局结构形式及总体结构方案图设计。

(5)控制系统设计。包括控制方式及控制原理、控制系统图设计。

3. 总体方案综合评价与选择

在总体方案设计阶段，对其各种方案进行综合评价，从中选择较好的方案。

4. 总体方案的设计修改或优化

对所选择的方案进行进一步的修改或优化，确定最终方案。上述设计内容，在设计过程中要交叉进行。

5. 详细设计

(1)技术设计。包括确定结构原理方案、装配图设计、分析计算或优化。

(2)施工设计。包括零件图设计、商品化设计、编制技术文档等。

6. 机床整机综合评价

对所设计的机床进行整机性能分析和综合评价。

上述步骤可反复进行，直到达到设计结果满意为止。在设计过程中，设计与评价反复进行，可以提高一次设计成功率。

2.2 机床总体方案设计

金属切削机床的总体方案设计是一项全局性的设计工作，其任务是研究确定机床产品的最佳设计方案，为技术设计工作提供依据。总体方案设计工作的质量将影响机床产品的结构、性能、工艺和成本，关系到产品的技术水平和市场竞争能力。主要包括：拟订机床的工艺方案、运动方案，确定技术参数和机床总体布局等。

2.2.1 机床工艺方案拟订

机床工艺方案的主要内容有：确定加工方法、刀具类型、工件的工艺基准及夹压方式等。工艺方法在很大程度上决定了机床的类型、规格、运动、技术参数、布局及生产率等。因此，对工件进行工艺分析，通过调查研究拟订出经济合理的工艺方案，是机床设计的重要基础。工艺方案的拟订，应正确处理加工质量、生产率和经济性这三者的关系。

工件是机床的加工对象，是机床设计的依据。不同的工件表面可采用不同的加工方法，但相同的工件表面也可采用不同的加工方法，如平面加工可采用铣、刨、拉、磨、车等；回转表面加工可采用车、钻、镗、拉、磨、铣等。而且，工件的工艺基准、夹压方式及刀具类型等也是各式各样的。可见，一种工件的加工，可采用多种工艺方案来实现，随之所设计的机床也不同。

通用机床在生产中已广泛应用，其工艺比较成熟。通用机床的工艺方案可参照已有的成熟工艺来设计，但有时必须根据市场需求，在传统工艺基础上，扩大工艺范围，以增加机床的功能和适应新工艺发展的需求。例如，卧式车床增加仿形刀架附件，在完成传统车削工艺外，还可以进行仿形车削加工。又如，立式车床增加磨头附件，还可对大型回转工件进行精加工等。数控加工中心由于采用了刀库和自动换刀装置，形成了可实现多种加工方法、工序高度集中的新型机床。

专用机床工艺方案的拟订，通常根据特定工件的具体加工要求，确定出多种工艺方案，通过方案比较加以确定，常需要绘制出加工示意图或刀具布置图等。

2.2.2　机床运动方案拟订

机床运动方案拟订的主要内容有：确定机床运动的类型，传动联系，运动的分配及传动方式等。

1. 机床运动类型的确定

机床运动方案拟订中，首先要确定机床运动的类型。根据运动的功能，可将机床运动划分成表面成形运动和辅助运动两大类。表面成形运动(或简称成形运动)是保证得到工件要求的表面形状的运动。成形运动又分为简单成形运动和复合成形运动，简单成形运动都是相对独立的旋转运动或直线运动，如外圆车削加工中的工件回转运动和车刀沿工件轴线的直线运动。复合成形运动可分解成两个或两个以上的旋转运动或直线运动，但分解后的旋转运动或直线运动之间必须保持严格的相对运动关系，这种严格的相对运动关系在普通机床上由内联系传动链完成，在数控机床上由坐标轴之间的联动控制来完成。表面成形运动根据运动速度和消耗动力的大小又可分为主运动和进给运动，其中主运动是形成机床切削速度或消耗主要动力的成形运动，如车床上工件的旋转运动；进给运动是维持切削连续进行的运动，一般速度较低、动力消耗较小，如车床上刀架的纵向运动和横向运动。根据成形运动的类型，主运动和进给运动可能是简单成形运动，也可能是复合成形运动的一部分。机床辅助运动类型很多，如切入及退刀运动、空行程调整运动、转位运动、各种操纵和控制运动等。

2. 机床运动的分配

由工艺方法确定的表面成形运动，还只是工件与刀具间的相对运动，因此还会有不同的运动分配形式。机床运动的分配是由多种因素决定的，应由全面的经济技术分析加以确定。一般应注意下述问题：

(1)简化机床的传动和结构。一般把运动分配给重量小的执行件，如毛坯为棒料的自动车床，由工件旋转作为主运动；对于毛坯为卷料的车床，由于卷料不便于旋转，可由车刀旋转做主运动，形成套车加工。管螺纹加工机床也采用套车加工。

(2)提高加工精度。对于一般钻孔加工，主运动和进给运动都由钻头完成，但在深孔加工中，为了提高被加工孔中心线的直线度，由工件回转运动形成主运动。

(3)减小占地面积。对于中小型外圆磨床，由于工件长度较小，多由工件移动完成进给运动，对于大型外圆磨床，为了缩短床身、减少占地面积，多采用砂轮架纵向移动实现进给运动。

3. 机床传动形式选择

机床有机械、液压、电气、气动等多种传动形式，每种形式中又可采用不同类型的传动元件。为满足机床运动的功能要求、机床性能和经济要求，要对多种传动方案进行分析、对比，选择合理选择传动形式，并与机床的整体水平相适应。

2.2.3 机床的总体布局方案设计

机床总体布局的任务,是解决机床各部件间的相对运动和相对位置的关系,并使机床具有一个协调完美的造型。工艺分析和工件的形状、尺寸和重量,在很大程度上左右着机床的布局形式。工艺要求决定了机床所需的运动。每个运动均由相应的执行部件来完成,通过传动解决各部件间的相对运动关系。机床的布局受多方因素的影响,如机床的性能、操作、观察与调整,数控机床的控制、排屑和防护,加工中心的刀库与机械手都对机床的布局产生一定的影响。机床总体布局的设计是带有全局性的一个重要问题,它对机床的部件设计,制造和使用都有较大影响。

1. 机床的基本型式

通用机床的布局已经形成了传统型式,如卧式,立式、单臂式和龙门式等,不同型式的机床均有各自的特点和适用范围。

在卧式机床中,如卧式车床、外圆磨床、卧式镗床、卧式拉床等。这种型式的机床的重心低,但占地面积较大。通常工人在机床的前面操作,适于加工细而长的工件或需要加工行程较长的工件。

在立式机床中,如立式钻床、立式单柱坐标镗床、立式铣床等。这种型式的机床具有占地面积小,工人所处的操作位置比较灵活的特点;某些大型立车和落地镗铣床,将基础部分装入地坑中,使工作台面略高于地表面,使操作者少登高而便于操作。这种型式的机床适用于加工径向尺寸大而轴向尺寸短的工件。

单臂式机床中的摇臂钻床,适于方便地更换点位进行加工。但这类布局型式与框架式相比刚度较差,因此应注意提高刚度。

龙门框架式机床,适用于箱体件的平面加工,如龙门刨床和龙门铣床;或是加工精度和表面粗糙度要求较严的平面与孔,如立式双柱坐标镗床。这种布局型式的机床具有刚度和加工精度高的特点。

数控机床和加工中心的布局型式,是在普通机床的基础上发展起来的。但是,数控机床不需手工操作,工作时用防护罩四面封闭。因此摇把、手柄、操纵杆等全都没有了,却增加了控制、检测、防护、排屑装置、刀库、机械手和显示屏幕等。在结构上,采用了如主轴单元、进给驱动单元、滚动导轨副、滚珠丝杠副等,使机床的布局型式发生了很大的变化。

2. 几何运动功能分配设计

机床的运动由工艺要求而定,然而,工艺要求所确定的仅是相对运动。运动的分配还与其他因素有关。决定几何运动功能分配的因素之一是坯料的形式。例如同样是车床,加工卷料的小型自动车床,由于工件不能旋转,主运动必须由刀具来完成:刀具装在刀具盘上,刀具盘绕工件高速旋转,使刀具切削工件,这种加工方式常称为"套车"。

影响几何运动功能分配的另一因素是加工的尺寸比例。例如立式钻床和摇臂钻床,由钻头同时做回转主运动和轴向进给运动。但是在深孔钻床上钻深孔时(孔深是孔径的十几倍、几十倍的深孔),为了减少孔的歪斜和便于排屑,常由工件做回转主运动,钻头只做轴向进给运动。

机床运动的分配,还应考虑占地面积的大小和工件的重量。例如小型外圆磨床,由于工件较小，纵向进给运动由工件完成。虽然由于工作台的往复，需占用两倍于工件长度的位置。对于大型外圆磨床，由于工件较长，纵向进给则由砂轮架完成，砂轮架的行程等于工件长度，因而可以减少占地面积。

　　工件的重量也是影响几何运动功能分配的一个很重要的因素，一般来说，都是使重量较轻的部件运动。图 2-2(a)所示是加工重量较轻的工件的升降台铣床，加工时刀具只做回转运动，工件向三个方向的移动分别由工作台、滑鞍和升降台完成。当工件较重时，则不适于由工件竖直方向的移动了，应改由铣头来完成，见图 2-2(b)，工件只做纵、横向运动，这就是工作台不升降式铣床。对于更大一些的工件，工件只随工作台做纵向移动，见图 2-2(c)，升降和横向运动由横梁和铣头完成，这就是龙门铣床。当工件特大时，就让工件不动，成为龙门移动式的布局了，见图 2-2(d)，三个方向的运动由龙门架和铣头来完成。这类情况在各类机床中都可见到，例如钻床，工件较小较轻时采用立式钻床的布局，可用手移动工件使被加工的孔对准钻头，当工件较重较大时，就采用移动主轴箱来对准钻孔位置的摇臂钻床布局了。牛头刨床和龙门刨床之间的关系也是如此。

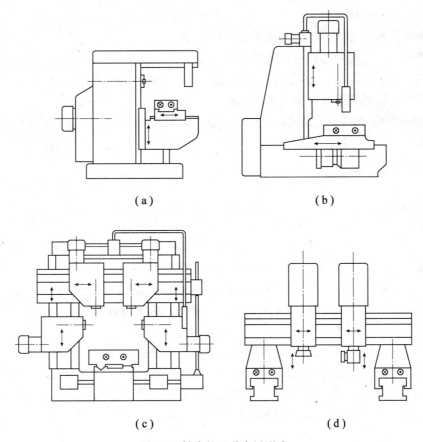

(a)　　　　　　(b)

(c)　　　　　　(d)

图 2-2　铣床的几种布局形式

　　小型的立式加工中心，立柱不动，床鞍在床身上做横向移动，工作台在床鞍上做纵向移动。中型的加工中心，则由立柱做横向移动，工作台做纵向移动。刀库和机械手由于太重而不宜移动，因此，换刀时主轴需退回原位。

3. 机床性能对布局的影响

为了提高机床的加工精度和表面质量，应综合考虑提高机床零部件的制造精度和装配精度，缩短传动链、改善零部件受力状态、提高刚度、减少振动和减少热变形的影响等。

精密丝杠车床取消了进给箱，由挂轮架将主轴与丝杠联系起来，传动链短，将丝杠布置在床身两导轨之间，消除了倾覆力矩的影响，比之卧式车床，改善了机床的受力状态。

数控车床由于不需手工操作和为了便于排屑，往往将卧式床身作成倾斜式；刀架位于主轴之上，因此主轴的旋转方向与卧式车床相反。改为倾斜式床身后，刚度也大幅度提高了。

为了减少振动对加工的影响，精密和高速车床常采用分离传动，将电动机和变速箱等振动较大的部件与执行部件(如主轴)分装在两个地方。

液压传动的油箱与床身分开，单独布置液压站，可减少热变形对机床的影响。

4. 机床的联系尺寸

机床的总体布局设计是通过机床的联系尺寸图体现的，机床的联系尺寸中应包括：

(1)机床的外形尺寸，长、宽、高，各部件的轮廓尺寸。

(2)各部件间的连接、配合和相关位置的尺寸。

(3)移动部件的行程和调整位置的尺寸。

(4)机床的装料高度和操纵台的高度尺寸。

(5)机床主机与液压站和电气柜的间距。

初步确定的联系尺寸，是各部件设计的依据。通过部件设计，还可能对联系尺寸提出修改，最后确定机床的总体尺寸。

2.2.4 主要技术参数设计

机床的主要技术参数包括机床的尺寸参数、运动参数和动力参数。

2.2.4.1 主参数和尺寸参数

机床主参数是代表机床规格大小及反映机床最大工作能力的一种参数，为了更完整地表示机床的工作能力和工作范围，有些机床还规定有第二主参数，各类机床以什么尺寸作为主参数有统一的规定，见《GB/T15375—1994 金属切削机床型号编制方法》。通用机床主参数已有标准，根据用户需要先用相应数值即可，而专用机床的主参数，一般以加工零件或被加工面的尺寸参数来表示。

机床的尺寸参数是指机床的主要结构尺寸，特别包括与工件有关的尺寸和标准化工具或夹具的安装面尺寸，前者如卧式车床刀架上最大回转直径，后者如卧式车床主轴前端锥孔直径及其他有关尺寸等。通用机床的主要尺寸参数已在有关标准中做了规定，其他一般参数可根据使用要求，参考同类同规格机床加以确定。

2.2.4.2 运动参数

运动参数是机床执行件如主轴、刀架、工作台的运动速度，可分为主运动参数和进给运动参数两大类。

1. 主运动参数的确定

(1)有级变速系统主运动参数的确定。

作回转主运动机床的主运动参数是主轴转速。转速与切削速度的关系是

$$n = \frac{1000v}{\pi d} \tag{2-1}$$

式中：n——转速，r/min；

　　　v——切削速度，m/min；

　　　d——工件(或刀具)直径，mm。

主运动是直线运动的机床，如插床或刨床，主运动参数是每分钟的往复次数。对于不同的机床，主运动参数有不同的要求。专用机床用于完成特定的工艺，主轴只需一种固定的转速。通用机床的加工范围较宽，主轴需要变速，因此需确定它的变速范围，即最低和最高转速。采用分级变速，还应确定转速级数。

主轴最高(n_{max})和最低(n_{min})转速的确定：

$$n_{max} = \frac{1000v_{max}}{\pi d_{min}}, \quad n_{min} = \frac{1000v_{min}}{\pi d_{max}}$$

变速范围 R_n 为

$$R_n = \frac{n_{max}}{n_{min}} \tag{2-2}$$

在确定切削速度时应考虑不同的工艺需要，主要与刀具、工件材料和工件尺寸等有关。

(2)有级变速时主轴转速序列。

采用有级变速时，在确定 n_{max}、n_{min} 之后还应进行转速分级，确定各中间级转速。各级转速之间满足等比数列关系。按等比数列排列的主轴转速有下列优点：

一方面使转速范围内的转速相对损失均匀。设某一工序所需的合理转速为 n，而在机床上可能没有 n 这一级，该转速可能落在相邻两转速 n_j 与 n_{j+1} 之间，即 $n_j < n < n_{j+1}$。选用转速 n_j 或 n_{j+1} 来代替 n。为了不降低刀具的耐用度，一般选 n_j。此时，将产生转速损失，其相对损失率：

$$A = \frac{n - n_j}{n}$$

最大的相对转速损失率发生在所需转速 n 趋近 n_{j+1} 时，为

$$A_{max} = \frac{n_{j+1} - n_j}{n_{j+1}} = 1 - \frac{n_j}{n_{j+1}} = 1 - \frac{1}{\varphi} = \text{const}$$

在其他条件不变的情况下，转速的相对损失就反映了生产率的损失。$A_{max} = \text{const}$ 使得机床在一定转速下的相对损失率均匀一致。

另一方面使变速传动系统简化。按等比数列排列的主轴转速，一般借助于串联若干滑移齿轮组来实现。当每一滑移齿轮组内的各齿轮副的传动比是等比数列时，各串联齿轮副的传动比的乘积，即主轴转速也是等比数列。因此采用等比数列的主轴转速，使机床变速传动系统简单了。

(3)公比 φ 的标准值和标准数列。

为了便于设计和使用机床，机床主轴转速数列的公比 φ 值已经标准化，规定的标准公比值有 1.06、1.12、1.26、1.41、1.58、1.78、2。

当采用标准公比后，转速数列可从表 2-1 中直接查出。表中给出了以 1.06 为公比的从 1 ~ 10000 的数值。$1.12 = 1.06^2$、$1.26 = 106^4$、$1.41 = 1.06^6$、$1.58 = 1.06^8$、$1.78 = 1.06^{10}$、$2 = 1.06^{12}$。例如，某机床 $n_{min} = 12.5 r/min$，$n_{max} = 2000 r/min$，$\varphi = 1.26$，查表 2-1，首先找到 12.5，然后每隔 3 个数($1.26 = 1.06^4$)取一个值，可得如下数列：12.5、16、20、25、31.5、40、50、63、80、100、125、160、200、250、315、400、500、630、800、1000、1250、1600、2000，共 23 级。

表 2-1   标准数列表

1.00	2.36	5.6	13.2	31.5	75	180	425	1000	2360	5600
1.06	2.5	6.0	14	33.5	80	190	450	1060	2500	6000
1.12	2.65	6.3	15	35.5	85	200	475	1120	2650	6300
1.18	2.8	6.7	16	37.5	90	212	500	1180	2800	6700
1.25	3.0	7.1	17	40	95	224	530	1250	3000	7100
1.32	3.15	7.5	18	42.5	100	236	560	1320	3150	7500
1.4	3.35	8.0	19	45	106	250	600	1400	3350	8000
1.5	3.55	8.5	20	47.5	112	265	630	1500	3550	8500
1.6	3.75	9.0	21.2	50	118	280	670	1600	3750	9000
1.7	4.0	9.5	22.4	53	125	300	710	1700	4000	9500
1.8	4.25	10	23.6	56	132	315	750	1800	4250	10000
1.9	4.5	10.6	25	60	140	335	800	1900	4500	
2.0	4.75	11.2	26.5	63	150	355	850	2000	4750	
2.12	5.0	11.8	28	67	160	375	900	2120	5000	
2.24	5.3	12.5	30	71	170	400	950	2240	5300	

表 2-1 不仅可用于转速和进给量，亦可用于机床尺寸和功率参数数列。

(4)选用标准公比的一般原则。

从使用性能考虑，公比 φ 最好选得小一些，以减少相对转速损失。但公比 φ 越小，级数越多，将使机床的结构复杂。对于生产率要求高的普通机床，减少相对损失是主要的，所以 φ 值取得较小，如 $\varphi = 1.26$ 或 $\varphi = 1.41$ 等。有些小型机床希望简化构造，公比 φ 可取得大些，如 $\varphi = 1.58$ 或 $\varphi = 2$ 等。对于自动机床，减少相对转速损失率的要求更高，常取 $\varphi = 1.06$ 或 1.12。另一方面，这类机床不经常变速，变速机构可采用交换齿轮机构，既满足了相对损失小的要求，又简化了结构。

2. 进给运动参数的确定

大部分机床(如车床、钻床等)的进给量用工件或刀具每转的位移(mm/r)表示。直线往复运动的机床，如刨床、插床，以每一往复的位移量表示。由于铣床和磨床使用的是多刃刀具，进给量常以每分钟的位移量(mm/min)表示。

在其他条件不变的情况下，进给量的损失也反映了生产率的损失。数控机床和重型机床的进给为无级调速，普通机床多采用分级变速。普通车床的进给量多数为等差数列，为满足螺纹导程的要求。自动和半自动车床常用交换齿轮来调整进给量，以减少进给量的损失。若进给链为外联系传动链，进给量也应采用等比数列，以使相对损失为常值。进给量为等比数列时，其确定方法与主运动的确定方法相同。

2.2.4.3　动力参数的确定

各种传动件的参数都是根据动力参数设计计算的。如果动力参数选得过大，将使机床过于笨重，浪费材料和电力；如果参数定得过小，又将影响机床的性能。动力参数可以通过调查、试验和计算的方法进行确定。

1. 主运动电动机功率的确定

机床主运动驱动电动机的功率 N：

$$N = N_{切} + N_{空} + N_{附} \tag{2-3}$$

式中：$N_{切}$——消耗于切削的功率，又称为有效功率，kW；

　　　$N_{空}$——空载功率，kW；

　　　$N_{附}$——载荷附加功率，kW。

切削功率与刀具的几何参数及其材料、工件材料和选用的切削用量有关。如果是专用机床，刀具与工件材料和切削用量的变化范围较小，此时计算值较接近实际情况。若是普通机床，刀具材料、工件材料和切削用量的变化很大，通常，可根据实测值确定切削功率。

空载功率包括运动件摩擦、搅油、克服空气阻力等所消耗的功率。它与载荷无关，只随传动件的速度和数量的增加而增大。中型机床主传动链的空载功率损失可用下列公式估算：

$$N_{空} = \frac{k d_a}{10^6} \left(\sum n_i + C n_{主} \right) \tag{2-4}$$

$$C = C_1 \frac{d_{主}}{d_a}$$

式中：d_a——主传动链中除主轴外，所有传动轴轴颈的平均值，mm；

　　　$d_{主}$——主轴前后轴颈的平均值，mm；

　　　$\sum n_i$——传动链内除主轴外各传动轴的转速之和，r/min；

　　　$n_{主}$——主轴转速，r/min；

　　　C_1——主轴轴承系数；

　　　k——润滑油黏度影响的修正系数，$k = 30 \sim 50$，润滑较好时取小值。

载荷附加功率是指加上切削载荷后所增加的传动件摩擦功率。它随切削功率的增加而增大。计算公式为

$$N_{附} = \frac{N_{切}}{\eta_{\Sigma}} - N_{切} \tag{2-5}$$

式中：η_{Σ}——主传动链的机械效率，$\eta_{\Sigma} = \eta_1 \eta_2 \cdots \eta_z$，$\eta_1$、$\eta_2$、$\cdots$、$\eta_z$ 为各串联传动副的机械效率。

2. 进给运动电动机功率的确定

在进给运动与主运动共用一个电动机时，可以忽略进给所需的功率，因为进给运动所消耗的功率与主运动相比是很小的。在进给运动与空行程运动共用一个电动机的机床上，因空行程运动所需功率比进给运动的功率大得多，因此也不必计及进给功率。

对于进给运动采用单独电动机驱动的机床，则需要确定进给电动机的功率。确定方法

有计算法、统计分析法和实测法。进给运动的速度较低，可略去空载功率。因此，进给驱动电动机功率 N_s 取决于进给的有效功率和传动件的机械效率。即

$$N_s = \frac{Qv_s}{60 \times 10^3 \eta_s} (\text{kW}) \tag{2-6}$$

式中：Q——牵引力(进给抗力)，N；

　　　v_s——进给速度，m/min；

　　　η_s——进给传动系统的总机械效率，一般取 $\eta_s = 0.15 \sim 0.2$。

粗略计算时，可根据进给传动与主传动所需功率之比值来估算进给驱动电动机功率。

车床　　　$N_s = (0.03 \sim 0.04) N (\text{kW})$

钻床　　　$N_s = (0.04 \sim 0.05) N (\text{kW})$

铣床　　　$N_s = (0.15 \sim 0.2) N (\text{kW})$

快速(空行程)运动一般由单独电动机驱动。空行程电动机的功率的确定应参考同类型机床，辅以计算，最好再经试验验证。空行程电动机往往是满载启动，移动件较重，加速度较大，因此计算时必须考虑惯性力各运动件在电机轴上的当量转动惯量，可根据动量守恒原理由下式确定：

$$J = \sum_k J_k \left(\frac{\omega_k}{\omega} \right)^2 + \sum_i m_i \left(\frac{v_i}{\omega} \right)^2 \tag{2-7}$$

式中：J_k——各旋转件的转动惯量，$\text{kg} \cdot \text{m}^2$；

　　　ω_k——各旋转件的角速度，rad/s；

　　　m_i——各直线运动件的质量，kg；

　　　v_i——各直线运动件的速度，mm/s；

　　　ω——电动机的角速度，rad/s。

克服惯性的转矩：

$$T_a = J \frac{\omega}{t_a} \tag{2-8}$$

式中：t_a——电动机启动加速过程的时间(s)，数控机床可取为伺服电动机机械时间常数的 $3 \sim 4$ 倍，中、小型普通机床可取 $t_a = 0.5 \text{s}$，大型普通机床可取 $t_a = 1.0 \text{s}$。克服惯性所需的功率：

$$N_1 = \frac{T_a n}{9550 \eta} \tag{2-9}$$

式中：n——电动机转速，r/min；

　　　η——传动机构的机械效率。

快速移动部件大多质量较大。如果是升降运动，则克服重量和摩擦力所需要的功率：

$$N_2 = \frac{(mg + fF) v}{60 \times 10^3 \eta} \tag{2-10}$$

如果是水平移动，则

$$N_2 = \frac{fmgv}{60 \times 10^3 \eta} \tag{2-11}$$

式中：m——移动部件的质量，kg；

　　　g——重力加速度，$g = 9.8 \text{m/s}^2$；

F——由于重心与升降机构(如丝杠)不同心而引起的导轨上的挤压力，N；

f——导轨当量摩擦系数；

v——快速移动速度，m/min。

由此可得空行程电动机的功率：

$$N_{空} = K(N_1 + N_2) \tag{2-12}$$

式中：K——安全系数(1.5~2.5)。

习题与思考题

1. 机床总体设计应满足的基本要求是什么？
2. 机床总体设计的主要步骤是什么？
3. 机床总体方案设计包括哪些主要内容？
4. 机床的主要技术参数有哪些？如何确定？
5. 为什么机床有级变速系统要采用等比级数系列变速？

第3章　机床传动系统

机床传动系统按其功用和对运动要求的不同，可分为主传动系统和进给传动系统。

3.1　机床主传动系统设计

3.1.1　机床主传动系统设计应满足的基本要求

机床主传动系统因机床的类型、性能、规格尺寸等因素而不同，应满足的要求也不一样。设计机床主传动系统设计最基本的原则就是以最经济、合理的方式满足既定的要求。在设计时应结合具体机床进行具体分析。一般应满足下述基本要求：

(1)满足机床使用性能要求。首先应满足机床的运动特性，如机床的主轴有足够的转速范围和转速级数(对于主传动为直线运动的机床，则有足够的每分钟双行程数范围及变速级数)。传动系设计合理，操纵方便灵活、迅速、安全可靠等。

(2)满足机床传递动力要求。主电动机和传动机构能提供和传递足够的功率和扭矩，具有较高的传动效率。

(3)满足机床工作性能的要求。主传动中所有零、部件要有足够的精度、刚度和抗振性，热变形特性稳定。

(4)满足产品设计经济性的要求。传动链尽可能简短，零件数目要少，以便提高效率、节省材料、降低成本。

(5)调整维修方便，结构简单、合理，便于加工和装配。防护性能好，使用寿命长。

主传动系统方案的确定：

主传动系一般由动力源(如电动机)、变速装置及执行件(如主轴、刀架、工作台)以及开停、换向和制动机构等部分组成。动力源给执行件提供动力，并使其得到一定的运动速度和方向；变速装置传递动力以及变换运动速度；执行件执行机床所需的运动，完成旋转或直线运动。机床主传动系统方案包括：选择传动布局，选择变速、开停、制动及换向方式。

1. 传动布局选择

有变速要求的主传动系统，可分为集中传动式和分离传动式两种布局方式。

把主轴组件和主传动的全部变速机构集中于同一个箱体内，称为集中传动式布局，一般将该部件称为主轴变速箱。目前，多数机床采用这种布局方式。其优点是：结构紧凑，便于实现集中操纵；箱体数少，在机床上安装、调整方便。缺点是：传动件的振动和发热会直接影响主轴的工作精度，降低加工质量。适用于普通精度的中型和大型机床。

把主轴组件和主传动的大部分变速机构分离装于两个箱体内，称为分离传动式布局，并将这两个部件分别称为主轴箱和变速箱，中间一般采用带传动。某些高速或精密机床采用这种传动布局方式。其优点是变速箱中的振动和热量不易传给主轴，从而减少主轴的振动和热变形；当主轴箱采用折回传动时，主轴通过带传动直接得到高转速，故运转平稳，加工表面质量高。缺点是箱体数多，加工、装配工作量较大，成本较高；带传动在低转速时传递转矩较大，容易打滑；更换传动带不方便等。这种布局形式适用于中小型高速或精密机床。

2. 变速方式选择

机床主传动的变速方式可分为无级变速和有级变速两种。

无级变速是指在一定速度（或转速）范围内能连续、任意地变速。其特点是可选用最合理的切削速度，没有速度损失，生产率高；一般可在运转中变速，减少辅助时间；操纵方便；传动平稳等，因此在机床上应用有所增加。机床主传动采用的无级变速装置主要有以下几种。

(1)机械无级变速器。靠摩擦传递转矩，通过摩擦传动副工作半径的变化实现无级变速。有多盘式、钢球式（如柯普型）、宽带式、菱锥式等结构。但机构较复杂，维修较困难，效率低；摩擦传动的压紧力较大，影响工作可靠性及寿命；变速范围较窄（变速比不超过10），需要与有级变速箱串联使用。多用于中小型机床。

(2)液压无级变速器。通过改变单位时间内输入液压缸或液动机中的液体量来实现无级变速。特点是变速范围较大，传动平稳，运动换向时冲击小，变速方便等。

(3)电气无级调速。采用直流和交流调速电动机来实现，主要用于数控机床、精密和大型机床。直流并激电动机从额定转速到最高转速之间是用调节磁场（简称调磁）的方式实现调速，为恒功率调速段；从最低转速到额定转速之间是用调节电枢电压（简称调压）的方式进行调整，为恒转矩调速段。恒功率调速范围为 2 ~ 4，恒转矩调速范围较大，可达几十甚至上百。额定转速通常在 1000 ~ 2000r/min 范围内。直流电动机在早期的数控机床上应用较多。交流调速电动机通常采用变频调速方式进行调速，调速效率高，性能好，调速范围较宽，恒功率调速范围可达 5 甚至更大。额定转速为 1500r/min 或 2000r/min 等。没有电刷和换向器，采用全封闭外壳，体积小、重量轻，对灰尘和切削液防护好，应用越来越普遍，已逐渐取代直流调速电动机。

有级（或分级）变速是指在若干固定速度（或转速）级内不连续地变速，这是普通机床应用最广泛的一种变速方式。其特点是传递功率大，变速范围大，传动比准确，工作可靠。但速度不能连续变化，有速度损失，传动不够平稳。通常由滑移齿轮变速机构、交换齿轮变速机构、多速电动机、离合器变速机构等机构实现变速。

根据机床的不同使用要求和结构特点，上述各种变速装置可单独使用，也可以组合使用。例如，CA6140 型卧式车床的主传动，主要采用滑移齿轮变速，也采用了齿轮式离合器。CB3463-1 型液压半自动转塔车床的主传动，采用多速电动机、滑移齿轮和液压片式摩擦离合器变速机构。

3. 开停方式选择

控制主轴启动与停止的开停方式，分为电动机开停和机械开停两种。

电动机开停的优点是操纵方便省力，简化机械结构。缺点是直接启动电动机，冲击较大；频繁启动会造成电动机发热甚至烧毁；若电动机功率大且经常启动时，启动电流影响车间电网的正常供电。电动机开停适用于功率较小或启动不频繁的机床,如铣床、磨床及中小型卧式车床等。若几个传动链共用一个电动机且不同时开停时,不能采用这种方式。在电动机不停止运转的情况下,可采用机械开停方式使主轴启动或停止,主要机构有:

(1)锥式和片式摩擦离合器。可用于高速运转的离合,离合过程平稳,冲击小,容易控制主轴停转位置,离合器还能兼起过载保护作用,这种离合器应用较多,如卧式车床、摇臂钻床等。

(2)齿轮式和牙嵌式离合器。仅用于低速($v \leqslant 10\text{m/min}$)运转的离合,结构简单,尺寸较小,传动比准确,能传递较大转矩,但在离合过程中齿端有冲击和磨损。

应优先采用电动机开停方式,当开停频繁、电动机功率较大或有其他要求时,可采用机械开停方式。另外,尽可能将开停装置放在传动链前面且转速较高的传动轴上,这时传递转矩小,结构紧凑;停车后大部分传动件停转,减少空载功率损失。

4. 制动方式选择

有些机床主运动不需制动,如磨床和一般组合机床;但多数机床需要制动,如卧式车床、摇臂钻床和镗床。装卸及测量工件、更换刀具和调整机床时,要求主轴尽快停止转动;机床发生故障或事故时,能够及时刹车可避免更大损失。主传动的制动方式可分为电动机制动和机械制动两种。

制动时,让电动机的转矩方向与其实际转向相反,使之减速而迅速停转,多采用反接制动、能耗制动等。特点是操纵方便省力,简化机械结构。但频繁制动时,电动机易发热甚至烧损。因此,反接制动适用于直接开停的中小功率电动机,制动不频繁、制动平稳性要求不高以及具有反转的主传动。在电动机不停转情况下需要制动时,可采用机械制动方式:

(1)闸带式制动器。特点是结构简单,轴向尺寸小,能以较小的操纵力产生较大的制动力矩;但径向尺寸较大,制动时在制动轮上产生较大的径向单侧压力,对所在传动轴有不良影响,故多用于中小型机床、惯量不大的主传动(如 CA6140 型卧式车床)。

(2)闸瓦式制动器。特点是结构简单,操纵方便;制动时对制动轮有很大径向单侧压力,制动力矩小,闸块磨损较快,故多用于中小型机床、惯量不大且制动要求不高的主传动(如多刀半自动车床)。

(3)片式摩擦制动器。特点是制动时对轴不产生径向单侧压力,制动灵活平稳,但结构较复杂,轴向尺寸较大,可用于各种机床的主运动(如 Z3040 型摇臂钻床、CW6163 型卧式车床等)。

应优先采用电动机制动方式。对于制动频繁,传动链较长、惯量较大的主传动,可采用机械制动方式。应将制动器放在接近主轴且转速较高的传动件上,这样,制动力矩小,结构紧凑,制动平稳。

5. 换向方式选择

有些机床主运动不需要换向,如磨床、多刀半自动车床及一般组合机床。但多数机床需要换向,换向有两种不同目的:一是正反向都用于切削,工作中不需要变换转向(如铣床),正反向的转速、转速级数及传递动力应相同;二是正转用于切削而反转主要用于空行程,并且在工作过程中需要经常变换转向(如卧式车床、钻床),为了提高生产率,反向应比正向的转速高、转速级数少、传递动力小。主传动换向方式分为电动机换向和机械换向(圆柱齿轮——多片摩擦离合器)两种。

3.1.2　有级变速传动系统的设计

当机械系统的执行件的转速或速度需要在一定范围内变化,而又允许有一定的转速损失时,基于经济性考虑,可采用有级变速系统,而机床有级变速系统的设计方法、原则比较系统而成熟。

3.1.2.1　转速图

图 3-1 为一中型普通车床的主传动系统图。从图中可知:它有五根轴:电动机轴和Ⅰ—Ⅳ轴,其中Ⅳ轴为主轴。Ⅰ—Ⅱ轴之间有一传动组 a,它有三对传动副;Ⅱ—Ⅲ轴和Ⅲ—Ⅳ轴之间分别有传动组 b(二对传动副)和 c(二对传动副)。电动机的转速为 1440r/min。并可看出,Ⅰ、Ⅱ、Ⅲ、Ⅳ轴分别有 1、3、6、12 个转速。但是,每根轴的转速值、传动组内传动比之间的关系以及公比 φ 值等均不知道。也就是说,传动系统图虽然直观地表达了该传动系统的组成,但却有许多关键的东西并没有描述清楚,而且画起来比较麻烦。在设计传动系统时,用它来进行方案对比并不是最好的工具。于是出现了将上述内容完全表示清楚的线图,称为转速图。

1. 转速图的概念

(1)轴线。轴线是用来表示轴的一组间距相等的竖线。从左向右依次画出五条间距相等的竖线,并标上与图 3-1 对应的轴号(电动机轴号为 0)。竖线间的间距相等是为了使线图清晰,并不表示轴的中心距相等。

(2)转速线。转速线是一组间距相等的水平线,用它来表示转速的对数坐标。由于主轴转速是等比数列,相邻两转速间具有如下关系:

$$\frac{n_2}{n_1} = \varphi, \quad \frac{n_3}{n_2} = \varphi, \quad \cdots, \quad \frac{n_z}{n_{z-1}} = \varphi$$

两边取对数,得

$$\lg n_2 - \lg n_1 = \lg \varphi$$

$$\lg n_3 - \lg n_2 = \lg \varphi$$

$$\cdots \cdots$$

$$\lg n_z - \lg n_{z-1} = \lg \varphi$$

因此,如将转速图上的竖线坐标取对数,则使竖线的普通坐标变成为对数坐标,出现了任意相邻两转速线的间隔相等,都等于一个 $\lg \varphi$ 的结果,为了方便,习惯上不写 lg 符号。对于图 3-1 的传动系统,主轴有 12 个转速,故画 12 条间距相等的水平线。通过计算知道,主轴的 12 级转速分别为:31.5、45、63、90、125、180、250、355、500、710、1000、1400r/min。并可得出公比 $\varphi = 1.41$。

(3)转速点。转速点是指在轴线上画的圆点(或圆圈),用它来表示该轴所具有的转速值。在Ⅳ轴(主轴)上画 12 个圆点(或圆圈),它们都落在水平线与竖线的交点上,表示主轴的 12 级转速值,并将数值写在圆点(或圆圈)右边。对于图 3-1,通过计算知道,Ⅰ轴转速值为 710,Ⅱ轴转速值为 355、500、710r/min;Ⅲ轴的转速值为 125、180、250、355、500、710r/min、分别在Ⅰ、Ⅱ、Ⅲ轴线与转速线的交点处画 1、3、6 个圆点(或圆

圈）。有时，转速点不落在水平线上，则应标出转速值。如电动机轴（0 轴）的转速为
1440r/min。

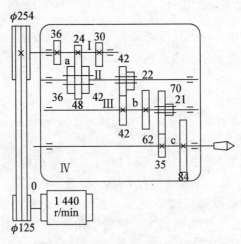

图 3-1　12 级主传动系统图

（4）传动线　传动线是指轴线间转速点的连线，它表示相应传动副及其传动比值。传动线（传动比线）的倾斜方向和倾斜程度分别表示传动比的升降和大小。若传动比线是水平的，表示等速传动，传动比 $i=1$；若传动比线向右上方倾斜，表示升速传动，传动比 $i>1$；若传动比线向右下方倾斜，表示降速传动，传动比 $i<1$。对于图 3-1 的传动系统，在 0—Ⅰ 轴间，有一对传动副，其传动比值为

$$i_1 = \frac{125}{254} \approx \frac{1}{2} = \frac{1}{1.41^2} = \frac{1}{\varphi^2}$$

该两轴间的传动是降速传动，传动比线（即 1440r/min 与 710r/min 的连线）从主动转速点 1440r/min 引出向右下方倾斜两格。

在轴 Ⅰ—Ⅱ 之间有三对传动副构成一个传动组 a，它的传动比值分别为

$$i_{a_1} = \frac{24}{48} = \frac{1}{2} = \frac{1}{\varphi^2}, \quad i_{a_2} = \frac{30}{42} = \frac{1}{1.41} = \frac{1}{\varphi}, \quad i_{a_3} = \frac{36}{36} = \frac{1}{1}$$

因此，在转速图的 Ⅰ—Ⅱ 轴之间应有三条传动比线，它们都从主动转速点 710r/min 引出，分别为向右下方倾斜两格和一格的连线以及一条水平线。

在 Ⅱ—Ⅲ 轴间有两对传动副构成一个传动组 b，它们的传动比值为

$$i_{b_1} = \frac{22}{62} = \frac{1}{2.8} = \frac{1}{1.41^3} = \frac{1}{\varphi^3}, \quad i_{b_2} = \frac{44}{44} = \frac{1}{1}$$

在轴 Ⅲ—Ⅳ 间有两对传动副构成传动组 c，它的传动比分别为

$$i_{c_1} = \frac{21}{84} = \frac{1}{4} = \frac{1}{1.41^4} = \frac{1}{\varphi^4}, \quad i_{c_2} = \frac{70}{35} = \frac{2}{1} = 1.41^2 = \varphi^2$$

同理，在转速图的 Ⅲ—Ⅳ 轴间有两条传动比线，它们分别从主动转速点 710、500、355、250、180、125r/min 引出向右上升两格和向右下降四格的连线（倾斜线）。于是，使主轴（Ⅳ轴）得到了 $3 \times 2 \times 2 = 12$ 级转速。对应于图 3-1 的转速图如图 3-2 所示。

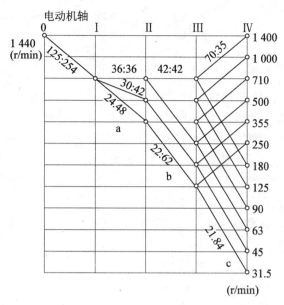

图 3-2　12 级主传动系统转速图

综上所述，转速图是由"三线一点"组成：轴线、转速线、传动线和转速点。图 3-2 清楚地表示了轴的数目、主轴及传动轴的转速级数、转速值及其传动路线、变速组组数及传动顺序、各变速组的传动副数及传动比值。还表示了传动组内各传动比之间的关系以及传动组之间的传动比的关系等。

2. 传动比分配方程

(1)基本组。变速组 a 中有三对传动副，表示传动比值的传动线都是由Ⅰ轴的主动转速点 710r/min 引出，它们的传动比分别为

$$i_{a_1} = \frac{1}{\varphi^2}, \quad i_{a_2} = \frac{1}{\varphi}, \quad i_{a_3} = 1$$

则
$$i_{a_1} : i_{a_2} : i_{a_3} = \frac{1}{\varphi^2} : \frac{1}{\varphi} : 1 = 1 : \varphi : \varphi^2$$

由此可见，在变速组 a 中，相邻传动比连线之间相差一个公比 φ，各传动比值是以 φ 为公比的等比数数列，通过这三个传动比的作用，使Ⅱ轴获得的三个转速 355、500、710r/min 仍是以 φ 为公比的等比数列。主轴能够获得按等比数列排列的转速是因为这个变速组首先起作用的结果，实质上，它使主轴获得了以 φ 为公比的三个转速。因此，这个变速组是必不可少的最基本的变速组，称它为基本组。

将其写成通式(传动比分配方程)为

$$i_1 : i_{2_i} : \cdots : i_{p_i} = 1 : \varphi^{x_i} : \cdots : \varphi^{(p_i - 1)x_i} \tag{3-1}$$

式中：φ^{x_i}——任意相邻两传动比的比值，简称级比；

$\qquad x_i$——级比指数或传动特性指数；

$\qquad p_i$——该传动组的传动副数。

基本组的级比指数(传动特性)用 x_0 表示，基本组的级比 $\varphi^{x_0} = \varphi^1$，故级比指数 $x_0 = 1$。

(2)扩大组。在变速组 b 中，有两对传动副，其传动比值为

$$i_{b_1}=\frac{22}{62}=\frac{1}{\varphi^3}, \quad i_{b_2}=\frac{42}{42}=1$$

则
$$i_{b_1}: i_{b_2}=\frac{1}{\varphi^3}: 1=1:\varphi^{x_1}$$

式中：x_1为第一扩大组的级比指数。该方程表示这个变速组的相邻传动比值之间相差φ^3，在转速图上表现为相邻传动线之间相差3格。通过这个变速组内两个传动比的作用，使Ⅲ轴获得了6级以φ^3为公比的等比数列。实质上使主轴又增加了3个转速。可见，这个变速组是在基本组已经起作用的基础上，起到了再将转速级数增加的作用，称它为扩大组。又因它是第一次起扩大作用，为区别起见，称它为第一扩大组。由于在基本组中有3对传动副，它已使Ⅱ轴获得了以φ为公比的3级转速，故第一扩大组的级比必须是φ^3，才能使Ⅲ轴获得以φ为公比的6级转速。即第一扩大组的级比为φ^3，级比指数$x_1=3$，它恰好等于基本组的传动副数$p_0(=3)$。

在变速组c中有两对传动副，其传动比值为

$$i_{c_1}=\frac{21}{84}=\frac{1}{4}=\frac{1}{\varphi^4} \qquad i_{c_2}=\frac{70}{35}=2=\varphi^2$$

则
$$i_{c_1}: i_{c_2}=\frac{1}{\varphi^4}:\varphi^2=1:\varphi^{x_2}$$

式中：x_2为第二扩大组的级比指数。该式表示这个传动组的级比为φ^6，在转速图上表现为相邻传动线之间相差6格。通过这个变速组的作用使Ⅳ轴(主轴)由6级转速再增加6级，共有12级转速。因此，这个变速组是第二次起增加主轴转速的作用，称它为第二扩大组。同理，第二扩大组的级比必须是φ^6(在转速图上相邻传动线必须拉开6格)才能使主轴获得连续的等比数列。它的级比指数$x_2=6$，恰好等于基本组的传动副数$p_0(=3)$与第一扩大组的传动副数$p_1(=2)$的乘积，即$x_2=p_0\times p_1$。

若机床传动系统还要第三、四……次扩大变速范围，则还应有第三、四……扩大组。

通常，机床的传动系统都是由若干个变速组串联而成，任意变速组的传动比之间的关系都应满足式(3-1)——传动比分配方程。区别不同变速组的是它的级比指数x_i。如前述，基本组的级比指数$x_0=1$，第一扩大组的级比指数$x_1=p_0$，第二扩大组的级比指数$x_2=p_0\times p_1$，第三扩大组的级比指数$x_3=p_0\times p_1\times p_2\times\cdots$，第$i$个扩大组的级比指数$x_i=p_0\times p_1\times p_2\times\cdots\times p_i$。因此，$x_i$完全代表了这个变速组的性质。只要满足传动比分配方程式(3-1)，就能使主轴获得连续(不重复、不间断)的等比数列。通常称这样的变速系统为常规变速系统。如果由若干个传动组串联而成的传动系统，满足基本组、第一扩大组、第二扩大组……的排列次序，即级比指数x_i由小到大排列，这叫做扩大顺序。但从结构上，运动总是从电动机经Ⅰ轴→Ⅱ轴→……→主轴，这叫做传动顺序，传动顺序是固定不变的。在设计变速系统时，扩大顺序可能与传动顺序一致，也可能不一致。

3. 变速组的变速范围

变速组内最大传动比i_{max}与最小传动比i_{min}之比，称为变速组的变速范围r，即

$$r=\frac{i_{max}}{i_{min}} \tag{3-2}$$

由式(3-1)知，任一变速组的变速范围r_i为

$$r_i = \varphi^{(p_i-1)x_i} \tag{3-3}$$

对于上例：基本组的变速范围 $r_0 = \varphi^{(p_0-1)x_0} = \varphi^2(p_0=3,\ x_0=1)$

$\qquad\qquad$ 第一扩大组的变速范围 $r_1 = \varphi^{(p_1-1)x_1} = \quad \varphi^3(p_1=2,\ x_1=3)$

$\qquad\qquad$ 第二扩大组的变速范围 $r_2 = \varphi^{(p_2-1)x_2} = \varphi^6(p_2=2,\ x_2=6)$

主轴的变速范围 $R_n = \dfrac{n_{\max}}{n_{\min}}$，对于上例：

$$n_{\max} = n_{电} \times i_{a\max} \times i_{b\max} \times i_{c\max}$$

因为
$$n_{\min} = n_{电} \times i_{a\min} \times i_{b\min} \times i_{c\min}$$

$$R_n = \frac{n_{电} \times i_{a\max} \times i_{b\max} \times i_{c\max}}{n_{电} \times i_{a\min} \times i_{b\min} \times i_{c\min}} = r_a \times r_b \times r_c$$

写成通式为

$$R_n = r_0 \times r_1 \times r_2 \times \cdots \times r_i \tag{3-4}$$

在设计机床的变速系统时，在降速传动中，为防止被动齿轮的直径过大而使径向尺寸增大，常限制最小传动比，使 $i_{\min} \geqslant \dfrac{1}{4}$。在升速传动中，为防止产生过大的振动和噪声，常限制最大传动比使 $i_{\max} \leqslant 2$；斜齿圆柱齿轮传动比较平稳，故 $i_{\max} \leqslant 2.5$。因此，主传动链任一变速组的变速范围一般应满足 $r_{\max} = (i_{\max}/i_{\min}) \leqslant 8 \sim 10$。对于进给传动系统，由于传动件的转速低，进给传动功率小，传动件的尺寸小，极限传动比的条件可取为 $\dfrac{1}{5} \leqslant i_{极} \leqslant 2.8$，故 $r_{\max} \leqslant 14$。

在拟定转速图时，一般都应使每个变速组的变速范围不超过上述允许值。在通常情况下，由于最后一个扩大组的变速范围最大，因此，一般只要检查最后一个扩大组的变速范围即可。

3.1.2.2　结构式和结构网

变速组的传动副数 p_i 和级比指数 x_i 是它的两个基本参数。当这两个参数一旦确定，则该变速组就随之而定。如果将这两个参数紧密地写成这样的形式：p_{ix_i} 或 $p_i[x_i]$，则表示变速组的方式就简单得多。因此，如果按运动的传递顺序将表示每个变速组的两个基本参数写成乘积的形式，就是所谓的"传动结构式"，即

$$z = p_{ax_a} \times p_{bx_b} \times p_{cx_c} \times \cdots \times p_{ix_i} \tag{3-5}$$

对于图 3-1 的变速系统和图 3-2 的转速图，其结构式为

$$12 = 3_1 \times 2_3 \times 2_6$$

或
$$12 = 3[1] \times 2[3] \times 2[6]$$

上式表示了主轴的 12 级转速是通过基本组 3_1（传动副 $p_0=3$，级比指数 $x_0=1$）、第一扩大组 2_3（传动副 $p_1=2$，级比指数 $x_1=3$）、第二扩大组 2_6（传动副 $p_2=2$，级比指数 $x_2=6$）的共同作用获得的。显然，式(3-5)是扩大顺序与传动顺序一致的情况。若将基本组、扩大组采取不同的排列次序，对于 $12 = 3 \times 2 \times 2$ 的传动方案，可得如下结构式：

$$12 = 3_1 \times 2_3 \times 2_6 \qquad 12 = 3_1 \times 2_6 \times 2_3 \qquad 12 = 3_2 \times 2_1 \times 2_6$$

$$12 = 3_2 \times 2_6 \times 2_1 \qquad 12 = 3_4 \times 2_1 \times 2_2 \qquad 12 = 3_4 \times 2_2 \times 2_1$$

结构式简单，但不直观，与转速图的差别太大。为此，若将结构式表示的内容用类似

转速图那样的线图来表示，就形成了所谓的结构网。图 3-3 是对应结构式 $12 = 3_1 \times 2_3 \times 2_6$ 的结构网。

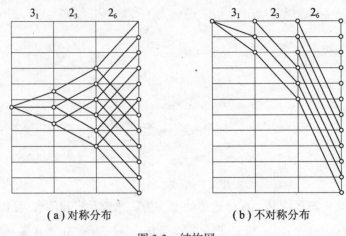

(a) 对称分布   (b) 不对称分布

图 3-3　结构网

该传动系统有三个变速组，故应有 4 条间距相等的表示轴的竖线。主轴有 12 级转速，故有 12 条间距相等表示转速的水平线。由于结构网只表示传动比的相对关系，故表示传动比的连线可对称画出。为此，在 I 轴上找出上、下对称点 O。在 I—II 轴间是基本组，$x_0 = 1$，故表示三对传动副的传动线从 O 点引出时，一条是水平传动线 O_b，一条是向右上方升一格的传动线 O_c，一条是向右下方降一格的传动线 O_a。在 II—III 轴间的传动组是第一扩大组，$x_1 = 3$，表示相邻传动线之间跨 3 格。因此，从 c 点（也可从 a、b 点）分别引出向右上方升 1.5 格和向右下方降 1.5 格的传动线 cd 和 ce，再分别过 b、a 点画 cd 和 ce 的平行线（代表同一传动副），则 III 轴有 6 级转速（在 III 轴相应位置上画 6 个圆点或圆圈）。在 III—IV 轴间的变速组是第二扩大组，$x_6 = 6$，从 d 点（也可从其他五个点）引出上下对称的两条传动线 df 和 dg（df 向右上方升 3 格，dg 向右下方降 3 格）。再在 III 轴上的其余转速点上分别引 df 和 dg 的平行线，则画出完整的结构网。由结构网的画法可知，结构网只表示传动组内传动比的相对关系，故传动线不表示传动比的实际值；轴上转速点只表示每根轴的转速数目，而不表示转速值（主轴除外）。结构网还表示了每个变速组的变速范围，如 $r_0 = \varphi^2$，$r_1 = \varphi^3$，$r_2 = \varphi^6$。从总体上讲，结构式或结构网表达了与转速图完全一致的传动特性。一个结构式对应唯一结构网，反之亦然。而一个结构网或结构式可有多个转速图，但一个转速图只能对应一个结构式或一个结构网。由于结构网在形式上与转速图相似，故只要把结构网的网结点 O 沿 I 轴上升适当位置，而使传动线间的相对关系不变，就变成了转速图。

同时还可以看出，在设计传动系统时，利用结构式或结构网来进行方案对比是非常方便的。

3.1.2.3　转速图的拟定

主传动的运动设计是在机床的主要技术参数确定后、结构设计前进行的。现通过一个实例来说明拟定转速图的方法和应遵循的原则。

有一台中型车床的主传动系统的主轴转速为 31.5、45、63、90、125、180、250、355、500、710、1000、1400r/min，电动机转速 $n_{电} = 1440$r/min，主轴级数 $z = 12$，主轴转速公比 $\varphi = 1.41$（这些已知数据都是总体设计时自定的），拟定转速图。其设计步骤为：

1. 传动组和传动副数的确定

传动组和传动副数可能的方案有

$$12 = 4 \times 3 \qquad 12 = 3 \times 4$$
$$12 = 3 \times 2 \times 2 \qquad 12 = 2 \times 3 \times 2 \qquad 12 = 2 \times 2 \times 3$$

在上列两行方案中，第一行方案可以省掉一根轴。缺点是有一个传动组内有四个传动副。如果用一个四联滑移齿轮，则会增加轴向尺寸；如果用两个双联滑移齿轮，则操纵机构必须互锁以防止两个滑移齿轮同时啮合。所以一般少用。

第二行方案，每个变速组的传动副数为 2 或 3，可以采用双联或三联滑移齿轮进行变速，总的传动副数量最少、轴向尺寸小、操纵机构简单。所以只要把主轴所需的转速级数 Z 分解成 2 或 3 的因子，就可以同时确定变速组的组数和每个变速组的传动副数了。因此，主轴为 12 级转速的分级变速系统中，通常采用第二行方案。

第二行的三个方案可根据下述原则比较：从电动机到主轴，一般为降速传动。接近电动机处的零件，转速较高，从而转矩较小，尺寸也就较小。如使传动副较多的传动组放在接近电动机处，则可使小尺寸的零件多些，大尺寸的零件少些，可节省材料。这就是"前多后少"的原则。从这个角度考虑，以取 $12 = 3 \times 2 \times 2$ 的方案为好。

2. 结构网或结构式各种方案的选择

在 $12 = 3 \times 2 \times 2$ 中，又因基本组和扩大组排列顺序的不同而有不同的方案。可能的 6 种方案结构网和结构式见图 3-4。在这些方案中，可根据下列原则选择最佳方案。

①传动副的极限传动比和传动组的极限变速范围。在降速传动时，为防止被动齿轮的直径过大而使径向尺寸太大，常限制最小传动比 i_{min}。在升速传动时，为防止产生过大的振动和噪声，常限制最大传动比 i_{max}。以使变速组的最大变速范围 $r_{max} = 8 \sim 10$。在检查变速组的变速范围时，只需检查最后一个扩大组。因为其他变速组的变速范围都比它小。

图 3-4 中，方案（a）、（b）、（c）、（e）的第二扩大组 $x_2 = 6$，$p_2 = 2$，则 $r_2 = \varphi^{(p_2-1)x_2} = \varphi^{6 \times (2-1)} = \varphi^6 = 1.41^6 = 8 = r_{max}$，故满足要求。对于方案（d）和（f），其 $x_2 = 4$，$p_2 = 3$，则 $r_2 = \varphi^{4 \times (3-1)} = \varphi^8 = 16 > r_{max}$，是不可行的。

（2）基本组和扩大组排列顺序。在可行的 4 种结构网（式）方案（a）、（b）、（c）、（e）中，还要进行比较以选择最佳方案。原则是选择中间传动轴变速范围最小的方案。因为如果各方案同号传动轴的最高转速相同，则变速范围小的，最低转速较高，转矩较小，传动件的尺寸也就可以小些，这就是"前密后疏"的原则。比较图 3-4 的方案（a）、（b）、（c）、（e），方案（a）的中间传动轴变速范围最小，故方案（a）最佳。即如果没有别的要求，则应尽量使扩大顺序和传动顺序一致，即可实现前密后疏。

3. 画转速图

电动机和主轴的转速是已定的。当选定结构网或结构式后，应合理分配各传动组的传动比并确定中间轴的转速。再加上定比传动，就可画出转速图。

如果中间轴的转速能高一些，传动件的尺寸也就可以小一些。通常，从电动机到主轴是降速传动，为使尺寸小的传动件多一些，所以在传动顺序上各变速组的最小传动比应采

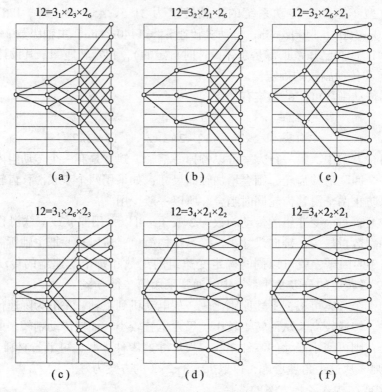

$12=3_1 \times 2_3 \times 2_6$ （a） $12=3_2 \times 2_1 \times 2_6$ （b） $12=3_2 \times 2_6 \times 2_1$ （e）

$12=3_1 \times 2_6 \times 2_3$ （c） $12=3_4 \times 2_1 \times 2_2$ （d） $12=3_4 \times 2_2 \times 2_1$ （f）

图 3-4　12 级结构网的各种方案

用所谓的"前缓后急"原则，即要求

$$i_{a\min} \geqslant i_{b\min} \geqslant i_{c\min} \cdots \geqslant i_{k\min}$$

但是，如果中间轴转速过高，将会引起很大的振动、发热和噪声。通常希望齿轮的线速度不超过 12 ~ 15m/s。对于中型车、钻、铣等机床，中间轴的最高转速不宜超过电动机的转速。对于小型机床和精密机床，由于功率较小，传动件不会太大，这时振动、发热和噪声是应该考虑的主要问题。因此要注意限制中间轴的转速，不使其过高。

本例所选定的结构式共有 3 个变速组，变速机构共需 4 轴。加上电动机轴共 5 轴。故转速图需 5 条竖线，如图 3-5。主轴共 12 级转速，电动机轴转速与主轴最高转速相近，故需 12 条横线。注明主轴的各级转速。电动机轴转速也应在电动机轴上注明。

在中间各轴的转速可以从电动机开始往后推，也可从主轴开始往前推。通常，以往前推比较方便。

变速组 c 的变速范围为 $1.41^6 = 8 = r_{\max}$，可知两个传动副的传动比必然是前文叙述的极限值：

$$i_{c_1} = \frac{1}{4} = \frac{1}{\varphi^4}, \quad i_{c_2} = \frac{2}{1} = \frac{\varphi^2}{1}$$

这样就确定了轴Ⅲ的 6 种转速只有一种可能，即为 125、180、250、…、710r/min。

随后决定轴Ⅱ的转速。变速组 6 的级比指数为 3，在传动比极限值的范围内，轴Ⅱ的转速最高可为 500、710、1000r/min，最低可为 180、250、355r/min。为了避免升速，又不使传动比太小，可取

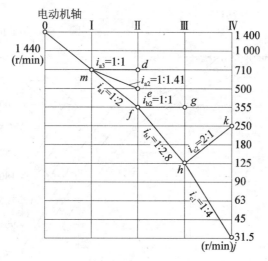

图 3-5　转速图拟定

$$i_{b_1} = \frac{1}{\varphi^3} = \frac{1}{2.8}, \quad i_{b_2} = \frac{1}{1}$$

轴 Ⅱ 的转速确定为 355、500、710r/min。同理对轴 Ⅰ 可取

$$i_{a_1} = \frac{1}{\varphi^2} = \frac{1}{2}, \quad i_{a_2} = \frac{1}{\varphi} = \frac{1}{1.41}, \quad i_{a_3} = \frac{1}{1}$$

这样就决定了轴 Ⅰ 的转速为 710r/min。电动机轴与轴 Ⅰ 之间为带传动，传动比接近 $1/2 = 1/\varphi^2$。最后在图 3-5 上补足各连线，就可以得到如图 3-6 那样的转速图。

3.1.3　分级变速传动系统的几种特殊变速方式

前面所讲述的传动系统是由单速异步电动机驱动，采用几个滑移齿轮变速机构串联扩展得到的。系统中各变速组的传动比完全符合公式(3-1)所表示的关系，可使主轴获得连续且不重复的单一公比的等比数列转速值。这样的传动系统称为常规的传动系统，一般用于转速级数不多，变速范围不大的机床。但由于机床的设计、使用要求不同，因此，有一些特殊变速方式的传动系统，可以减少传动系统中的传动件个数、传动组数，简化机床结构或扩大机床的变速范围。凡采用上述变速方式后，转速图特性会产生相应的变化。下面介绍几种特殊变速方式的传动系统。

1. 交换齿轮变速

交换齿轮(又称配换齿轮、挂轮)变速的特点是结构简单，不需要操纵机构、轴向尺寸小，变速箱结构紧凑，主动轮与被动轮可倒换使用，但更换齿轮费时，且润滑条件差。一般用于不经常变速或变速时间的长短对生产率影响不大而又要求结构简单的机床。如成批生产的自动、半自动车床、专用车床、组合机床、齿轮加工机床等。

主传动系统中的交换齿轮变速机构通常采用轴间距固定不变，每对齿轮倒换位置后可得两种传动比，即有一传动比为 $i = \dfrac{Z_i}{Z'_i}$，则另有一传动比 $i' = \dfrac{Z'_i}{Z_i} = \dfrac{1}{i}$。因此，在转速图上

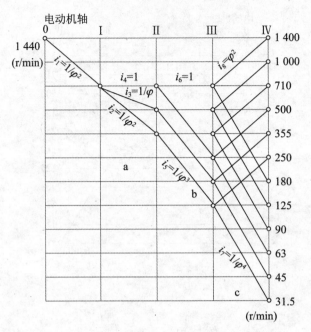

图 3-6　$12 = 3_1 \times 2_3 \times 2_6$ 的转速图

各传动比连线为对称分布。

　　当交换齿轮完全倒换使用时，由于升速传动比受到极限值 $u_{max} \leqslant 2 \sim 2.5$ 的限制，变速组的最大变速范围 $r_{max} \leqslant 4 \sim 6$。若还需扩大变速范围，则将传动比为 $u = \dfrac{1}{2.5} \sim \dfrac{1}{4}$ 的降速传动齿轮不倒换，这样，可使 $r_{max} \leqslant 8 \sim 10$。

　　在采用交换齿轮的传动系统中，一般只用一个交换齿轮变速组，可与滑移齿轮变速机构串联，也可以单独使用。在结构允许的情况下，一般将交换齿轮变速组置于传动链的前端，这样，可使被动轴的扭矩不致过大。成批大量生产的单工序机床(如齿轮加工机床、螺纹加工机床等)，通常采用交换齿轮变速；成批生产的多工序机床如六角自动、半自动车床等，多采用交换齿轮与滑移齿轮组成的变速传动系统。

　　图 3-7 是 CA7620 液压多刀半自动车床主传动系统，采用交换齿轮和滑移齿轮变速组串联的方法使主轴得到 $180 \sim 710\text{r/min}$ 的 4 种转速。轴 Ⅱ—Ⅲ 间的双联滑移齿轮变速组为基本组，用于在加工中变速；轴 Ⅰ—Ⅱ 间为一对交换齿轮变速组，是第一扩大组，用于每批工件加工前的变速调整。其传动结构式为 $4 = 2_2 \times 2_1$。

　　2. 采用多速电动机的变速传动系统

　　采用多速电动机变速，可以简化机床的机械结构，并能在运动中变速。这种变速方式多用于自动、半自动机床以及需快速或经常移动的部件，如卧式镗床的主轴箱、磨床工件头架等。但多速电动机的输出功率随转速不同而变化，且当电动机的变速级数增加，转速降低时，体积增大，价格增高，所以，采用多速电动机时应作具体、全面的技术分析。

　　多速电动机一般与其他变速方式联合使用。机床上常用的双速、三速电动机，其同步转速为 1500/3000 或 750/1500r/min、750/1500/3000r/min 分，即同步转速之比为 $\varphi_{\text{电}} = 2$；

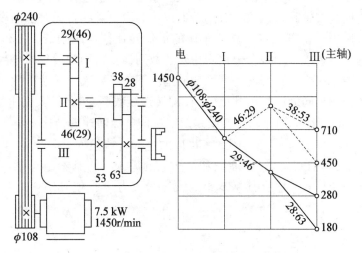

图 3-7　CA7620 液压半自动车床主传动系统

也有采用同步转速为 1000/1500r/min、750/1000/1500r/min 的双速和三速电动机. 由于多速电动机参加变速, 本身具有两级或三级转速, 因此, 在传动系统中多速电动机就相当于具有两个或三个传动副的变速组, 故又称为电变速组.

　　当 $\varphi_{电}=2$ 时, 传动系统的公比只能是 $\varphi=1.06$, 1.12, 1.26, 1.41, 2. 因为这些公比的整数次方等于 2, 可以保证转速数列实现等比数列. 其中, 常用的公比 $\varphi=1.26$ 和 1.41. 这时 $\varphi_{电}=2=1.26^{3}=1.41^{2}$, 故电变速组通常为第一扩大组, 其级比指数即为基本组的传动副数. 若 $\varphi=1.26$, 基本组的传动副数必须为 3, 见图 3-8(a); 若 $\varphi=1.41$, 基本组的传动副数必须为 2, 见图 3-8(b). 图 3-8 两个结构网中的虚线表示电变速组.

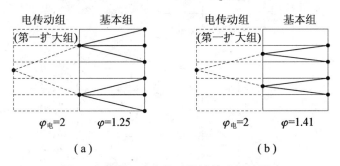

图 3-8　采用双速电机对机械传动组的影响

　　多速电动机总是在传动系统的最前面, 按传动顺序来说, 这个电变速组是第一个变速组, 基本组在它的后面, 因此其扩大顺序不可能与传动顺序一致.

　　图 3-7 所示的 C7620 多刀半自动车床的主传动系统, 公比为 $\varphi=1.41$, 其结构式为 $Z=8=2_2\times2_1\times2_4$, 因为双速电动机 $\varphi_{电}=2$, 则电变速组为第一扩大组; Ⅰ—Ⅱ 轴间的变速组为基本组, 传动副数为 2, Ⅱ—Ⅲ 轴间变速组为第二扩大组, 传动副数为 2.

　　3. 具有双公比的变速传动系统

　　不少通用机床，在全部变速范围内，各级转速的使用机会并不均等。经常使用的转速多集中在中间转速段或较高转速段，有的转速仅仅为满足某些特殊要求而设置。例如：卧式车床的最低转速用于精车丝杠。立式车床的最低转速往往用于装夹工件时的调整。因此，根据机床的实际要求采用混合公比安排转速数列，使常用的转速段排列密些，不常用的转速段排列疏些。这样，在变速范围不变的情况下，可以减少转速级数 Z，从而简化机床的结构，或者，在相同的结构尺寸范围内(即转速级数不变)，扩大机床的变速范围。

　　图 3-9 为 Z3040 型摇臂钻床的主传动系统。中间各级转速的公比 $\varphi_1 = 1.26$，最低和最高转速段的公比 $\varphi_2 = 1.26^2 = 1.58$。因此，机床的主轴转速系列是公比 φ 和 φ^2 组成的双公比等比数列。考虑到"前密后疏"的原则和结构上的原因，将基本组与第一扩大组交换位置，调整了变速组的扩大顺序，其基本组的级比增大为 φ^5，使其结构式变为 $16 = 2_2 \times 2_5 \times 2_4 \times 2_8$。

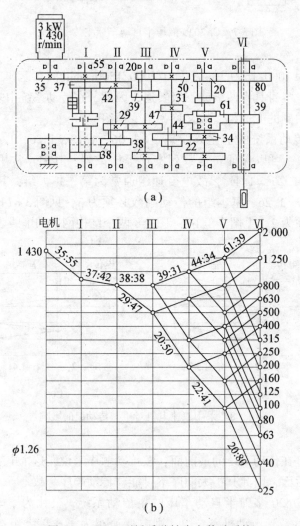

(a)

(b)

图 3-9　Z3040 型摇手臂钻床主传动系统

4. 扩大变速范围的传动系统

传动系统变速范围一般不大，有时不能满足通用机床的要求，一些通用性能较高的车床和铣床的变速范围一般在 140 ~ 200 之间，甚至超过 200。若单纯采用在原传动链后再串联扩展的方法增加变速组来扩大变速范围，会因受极限传动比的限制而出现转速重复，并使变速系统的传动轴数增加，结构复杂程度增大。因此，应在保证结构较紧凑、合理的前提下，采取其他措施扩大机床的变速范围。

（1）增加一个传动组。

在原来的传动链后面用串联的方式增加一个传动组是最简单的办法。但由于极限传动比的限制，将会产生一些转速重复，而且会使变速箱的轴数增加，结构复杂，因此用得较少。

（2）采用背轮机构。

图 3-10 是背轮机构（也叫单回曲机构）。Ⅰ、Ⅲ 两轴同轴线，运动可经离合器直接由轴Ⅰ传动轴Ⅲ，也可以由主动轴Ⅰ经齿轮副$\frac{z_1}{z_2}$，$\frac{z_3}{z_4}$传动轴Ⅲ。由于经背轮传动时进行了两次降速，容易达到扩大变速范围的目的。如果保持一般传动副降速比的极限值，即背轮机构的传动比 $i_{min} = \frac{1}{4}$，则变速范围 r_{max} 可达 16。这比一般滑移齿轮变速组的极限变速范围（$r_{max} = 8 ~ 10$）要大得多。因此，这种机构在机床上应用得较多。但是在设计时要注意，当高速直联传动时，应使背轮脱开，以减少空载功率损失、噪声和发热。

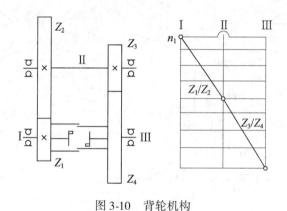

图 3-10　背轮机构

（3）采用分支传动。

分支传动是由若干变速组串联，再增加并联分支的传动形式。在 CA6140 型车床的主传动链中，采用了低速分支和高速分支传动。在轴Ⅲ之前的传动是两者共同部分；由轴Ⅲ开始，低速分支的传动路线为Ⅲ—Ⅵ（主轴），使主轴得到 10 ~ 500r/min 的 18 级低转速，其结构式为 $18 = 2_1 × 3_2 × 2_6 × 2_{(12-6)}$（重复了 6 级）。高速分支传动由轴通过一对定比传动齿轮 63/50，直接传动主轴，使其到 450 ~ 1400r/min 的 6 级高转速，其结构式为 $6 = 21 × 32$。这样设计的优点是既可以扩大变速范围（$R_n = 1400/10 = 140$），又使高速传动路线短而提高机械效率。

5. 采用公用齿轮的传动系统

在传动系统中的某个齿轮,既是前变速组的从动齿轮,又是后一变速组的主动齿轮,这种同时可与前后传动轴上的两个齿轮相啮合的齿轮,称为公用齿轮。采用公用齿轮可以减少齿轮的个数,简化传动机构,缩短轴向尺寸。目前,在机床中采用单公用和双公用齿轮较多,三公用齿轮用得较少。

设计采用单公用齿轮的传动系统时,确定传动副的传动比的方法与一般传动系统没有区别,只要在计算公用齿轮的齿数时,注意到这个齿轮同属于前后两个变速组就可以了。一般情况下,在转速图上相邻变速组之间,任意两个传动比都可以选择为单公用齿轮的两个传动比,究竟采用哪种方案作为公用齿轮传动比,应当考虑径向尺寸、齿轮磨损等因素的影响。同时,采用公用齿轮时,两个变速组的齿轮模数必须相同。因为公用齿轮轮齿受的弯曲应力属于对称循环,弯曲疲劳许用应力比其他齿轮低,因此应尽可能选择变速组内较大的齿轮作为公用齿轮。

图 3-11 为龙门铣床的主传动系统,采用了一个公用齿轮(有阴影的齿轮),从转速图中可看出其特性完全符合前述的各项原则。在龙门铣床的主传动系统中,首先确定基本组的齿轮齿数。轴Ⅲ上的被动齿轮齿数分别为 35、39、43。公用齿轮取第二大齿轮 Z_{39}。第一扩大组的传动比为 1,主动轮为公用齿轮 Z_{39};所以,其齿数和 $Z_b = 39 + 39 = 78$。若改取为最大齿轮 Z_{43},则 $Z_b = 43 + 43 = 86$,显然,使中心距增大,径向尺寸增大。

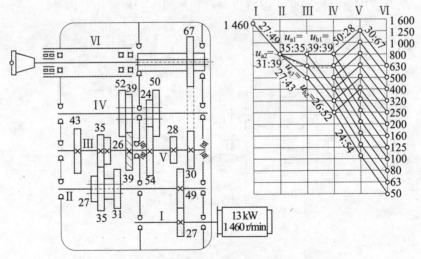

图 3-11　有单公用齿轮的龙门铣床主传动系统

采用双公用齿轮的传动系统,拟定转速图应注意其特殊情况。例如,采用降速传动的双公用齿轮,在拟定转速图时,须将前一个变速组作为扩大组,后一个变速组作为基本组。反之,若为升速传动,则须将前一个变速组作为基本组,后一个变速组作为扩大组。就是说,基本组在前面还是后面,取决于变速组是降速还是升速传动。

综上所述,拟定转速图时应根据具体要求选择变速方式,并力求简化结构。在保证一定的变速范围和变速级数的前提下,可采用公用齿轮以减少齿轮个数和缩短轴向尺寸。若需适当扩大变速范围而又不增加变速组和传动副时,可采用双公比传动。在保证得到连续的等比数列的同时，又要求大的变速范围，可采用分支传动或背轮机构。当需要减少机械变速组时，可采用多速异步电动机。对于成批生产的机床，可采用交换齿轮变速，以简化机床的结构。

3.1.4　齿轮齿数的确定及轴向布置

拟定转速图后，可根据各齿轮副的传动比确定齿轮齿数、皮带轮直径等。对于定比传动皮带轮直径或齿轮齿数的确定，可根据机械设计手册推荐的计算方法确定。下面主要介绍变速组内齿轮齿数的确定。

确定齿轮齿数时，须初步定出各变速组内齿轮副的模数，以便根据结构尺寸判断其最小齿轮齿数或齿数和是否适宜。在同一变速组内的齿轮可取相同的模数，也可取不同的模数。为了便于设计和制造，主传动系统中所采用的齿轮模数的种类尽可能少一些，通常不超过 2 或 3 种模数。因为各齿轮副的速度变化不大，受力情况相差也不大，故允许采用同一模数。只有在一些特殊情况下，如最后扩大组或背轮传动中，因各齿轮副的速度变化大，受力情况相差也较大，在同一变速组内才采用不同模数。

1. 确定齿轮齿数时应注意的问题

（1）齿轮的齿数和 S_z 不应过大，以免加大两轴之间的中心距，使机床的结构庞大。一般推荐 $S_z \leqslant 80 \sim 120$。

（2）齿数和虽然尽可能要小，但应考虑下列因素：①使最小齿轮不产生根切现象，对于标准直齿圆柱齿轮，一般取最小齿数 $z_{min} \geqslant 18 \sim 20$。②受结构限制的最小齿数的各齿轮，应能可靠地装到轴上或进行套装，齿轮的齿槽到孔壁或键槽的壁厚 $a > 2m$（m 为模数），以保证足够的强度。③两轴的最小中心距应取得适当。若齿数和 S_z 太小，则中心距过小，将导致两轴上轴承及其结构之间的距离过近或相碰。一般来说，主变速传动系统是降速传动，越靠主轴的变速组传递的转矩越大，因此中心距也越来越大。

2. 变速组内齿轮齿数的确定

（1）计算法。在同一变速组内，各传动副的齿数之比，应符合转速图上已经确定的传动比，当各对齿轮的模数相同，且不采用变位齿轮时，则各对齿轮的齿数和也必然相等。则

$$Z_j / Z'_j = i_j \tag{3-6}$$

$$Z_j + Z'_j = S_z \tag{3-7}$$

式中：Z_j，$Z_j{}'$——任一齿轮副的主动与被动齿轮的齿数；

u_j——任一齿轮副的传动比；

S_z——各齿轮副的齿数和。

由式（3-6）和（3-7）可得

$$Z_j = \frac{i_j}{i_j+1} S_z \qquad Z'_j = \frac{1}{i_j+1} S_z \tag{3-8}$$

如前所述，变速组的齿数和 S_z，应尽可能少，但受到最小齿轮的限制。而最小齿轮是在变速组内降速比或升速比最大一对齿轮中，因此可先假定该小齿轮的齿数 Z_{min}，根据传动比求出齿数和，然后按式（3-8）分配其他齿轮副的齿数，若传动比误差较大，应重新调整齿数和，再按传动比分配齿数。

(2)查表法。若转速图上的齿轮副传动比是标准公比的整数次方，变速组内的齿轮模数相同时，可按有关机床设计手册查出变速组内每对齿轮的齿数和 S_z 及小齿轮的齿数，而大齿轮的齿数等于齿数和 S_z 减去小齿轮齿数。

采用三联滑移齿轮变速时，在确定其齿数之后，应检查其相邻齿轮的齿数关系，以确保其左右移动时能顺利通过，不致相碰。如图 3-12(a)所示，当三联滑移齿轮从中间位置向右移动时，齿轮 Z_2 要从固定齿轮从上面越过，为避免齿轮 Z_2 与各齿顶相碰，须使 Z_2 与 Z_3' 两齿的齿顶圆半径之和小于中心距 a。当向右移动时也有同样的要求。若齿轮的齿数 $Z_3>Z_2>Z_1$，只要使 Z_2 和 Z_1' 不相碰，则 Z_1 必能顺利通过，为此，当采用标准齿轮时，必须保证 $m(Z_2+2)/2+m(Z_3'+2)/2<a=m(Z_3+Z_3')$，故有 $Z_3-Z_2>4$，即三联滑移齿轮的最大和次大齿轮之间齿数差应大于 4 才能滑移变速。

另外，确定齿轮齿数时，应保证实际传动比(齿轮齿数之比)与理论传动比(转速图上要求的传动比)之间误差不能过大，分配齿数所造成转速误差，一般不应超过 $\pm 10(\varphi-1)\%$。

齿轮齿数的确定，往往须反复多次计算才能确定，合理与否还要在结构设计中进一步检验，必要时还要改变。比如因中心距过小，两轴上的零件相碰或因齿轮(尤其应注意滑移齿轮)与其他件相碰时，就得改变齿数和，若按传动比要求，按上述方法确定的齿数和 S_z 过大以及传动比误差过大时，可采用变位齿轮的方法来凑中心距，以获得要求的传动比值，这时齿数的计算比较灵活，个别情况下只有改变有关齿轮副的传动比才能解决问题。

3. 齿轮在轴上的布置

齿轮的布置方式，直接影响到变速箱的尺寸、变速操纵的方便性以及结构实现的可能性，设计时，要根据具体要求，合理加以布置。

在变速传动组内，尽量以较小的齿轮为滑移齿轮，使得操纵省力。在同一个变速组内，须保证当一对齿轮完全脱开啮合之后，另一对齿轮才能开始进入啮合，即两个固定齿轮的间距，应大于滑移齿轮的宽度。如图 3-12(b)所示，其间隙量为 1~4mm。因此，对于图 3-12(b)所示的双联滑移齿轮传动组，占用的轴向长度为 $B\geqslant 4b$，三联滑移齿轮传动组占用的轴向长度为 $B\geqslant 7b$，如图 3-12(a)所示。

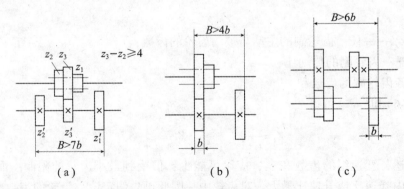

图 3-12 滑移齿轮轴向排列长度

为了减小变速箱的尺寸，既须缩短轴向尺寸，又要缩小径向尺寸，它们之间往往是相互联系的，应该根据具体情况考虑全局，确定齿轮布置问题。

若要缩短轴向尺寸，可采取下列措施：①把三联齿轮一分为二，如图 3-12(c)所示，就能使轴向长度少一个 b，但这使操纵机构复杂了，两个滑移齿轮的操纵机构之间要互锁，以防止两对齿轮同时啮合。②把两个传动组统一安排。图 3-13(a)是一般的排列方式，总长度 $B \geqslant 8b$。图 3-13(b)将固定齿轮都放在轴 II 上，从动轮处于两端，主动轮放在中间，使主、从动轮交错排列，这时总长度只需 $B \geqslant 6b$。采用公用齿轮也可缩短轴向长度。如图 3-13(c)，公用齿轮(画阴影线)使轴向长度缩短一个 b。若再将轴 II 上的主、从动齿轮交错排列，如图 3-13(d)，则可缩到 $B \geqslant 5b$。

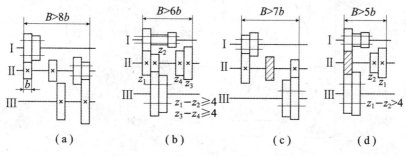

图 3-13　三轴四速的几种排列方式

若要缩小变速箱的径向尺寸，可采取下列措施：①缩小轴间距离。在强度允许的条件下，尽量选用较小的齿数和，并使齿轮的降速传动比大于 1/4，以避免采用过大的齿轮。②采用轴线相互重合方式。在相邻变速组的轴间距离相等的情况下，可将其中两根轴布置在一轴线上，则可大大缩小径向尺寸。③相邻各轴在横剖面图上布置成三角形，可以缩小径向尺寸。④在一个传动组内，若取最大传动比等于最小传动比的倒数，则传动件所占的径向空间将是最小的。

3.1.5　主传动无级变速系统

1. 采用机械无级变速器的主传动系统

主传动系统采用机械无级变速器进行变速时，由于机械无级变速器的变速范围较小，常需串联机械有级变速箱。机床主轴的变速范围为 R_n，无级变速器的变速范围为 R_w 串联的机械变速箱变速范围为 R_u，则

$$R_n = R_w \times R_u \qquad 或 \qquad R_u = R_n/R_w \tag{3-9}$$

通常可把无级变速器作为基本组，有级变速箱作为扩大组，有级变速箱的公比 φ_u 理论上应等于无级变速器的变速范围 R_w。为防止因摩擦打滑造成的转速不连续现象，可取 $\varphi_u = (0.94 \sim 0.96)R_w$。有级变速箱的转速级数由下式算出：

$$Z = \frac{\lg R_u}{\lg \varphi_u} + 1 = \frac{\lg R_u}{\lg(0.94 \sim 0.96)R_w} + 1 \tag{3-10}$$

图 3-14 所示为采用无级变速器的结构网。图(a)为 $\varphi_u = R_w$，图(b)为 $\varphi_u < R_w$ 的情况。

2. 采用无级调速电动机的主传动系统

当采用无级调速电动机实现主传动系统无级变速时，对于直线运动的主传动系统，可以直接利用调速电动机的恒转矩调速范围，通过电动机直接带动或通过定比传动副带动主运动执行件实现。对于旋转运动的主传动系统，虽然电动机的功率转矩特性与机床主运动要求相似，但电动机的恒功率调速范围一般小于主轴的恒功率调速范围，因此也常需串联一个机械有级变速箱，把无级调速电动机的恒功率调速范围加以扩大，以满足机床主轴的恒功率调速范围要求。

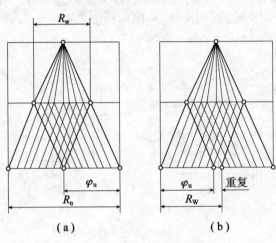

图 3-14 采用无级变速器的结构网

如果机床主轴所要求的恒功率调速范围为 R_{np}，调速电动机的恒功率调速范围为 R_{dp}，串联有级变速箱的变速范围为 R_u，则有

$$R_u = \frac{R_{up}}{R_{dp}} = \varphi_u^{Z_u-1} \tag{3-11}$$

式中：φ_u——有级变速箱的公比；

Z_u——有级变速箱的变速级数。

由上式可得

$$Z_u = \frac{\lg R_{np} - \lg R_{dp}}{\lg \varphi_u} + 1 \tag{3-12}$$

或

$$\varphi_u = \sqrt[(Z_u-1)]{\frac{R_{np}}{R_{dp}}} \tag{3-13}$$

有级变速箱的变速级数 Z_u 一般取 2、3、4 级。在实际设计时，可首先根据功率要求初选调速电动机，确定其额定功率 P_d，额定转速 n_d，最高转速 n_{dmax}，从而得到调速电动机的恒功率调速范围为

$$R_{dp} = \frac{n_{dmax}}{n_d}$$

然后根据 R_{ap} 及机床主轴所要求的恒功率调速范围 R_{np}，适当确定变速级数 Z_u 值，据式(3-13)即可求出机械有级变速箱的公比 φ_u。φ_u 值越大，级数 Z_u 越小，机械结构越简单，反之则要增大变速级数 Z_n。φ_u 值可根据机床的具体要求选取，分为三种不同情况。

（1）当 $\varphi_u = R_{dp}$ 时，可得到一段连续的恒功率区 AD 段，见图 3-15（a）。

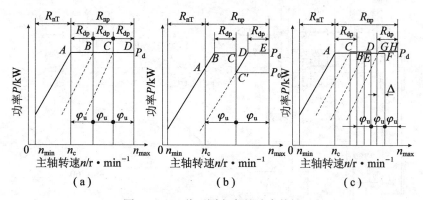

图 3-15　三种不同方案的功率特性

（2）当 $\varphi_u > R_{dp}$ 时，则在主轴的计算转速 n_c 到最高转速 n_{max} 之间，功率特性曲线上将出现"缺口"，见图 3-15（b），"缺口"处电动机的输出功率达不到额定功率值 P_d。若使缺口处电动机最小输出功率 P_0 值达到机床所要求的功率，必须增大调速电动机的额定功率 P_d，虽然简化了机械有级变速箱的结构，却增大了调速电动机的额定功率，使电机额定功率在很大范围内得不到充分发挥。

（3）当 $\varphi_u < R_{dp}$ 时，调速电动机经机械有级变速箱所得到的几段恒功率转速段之间会出现部分重合的现象，见图 3-15（c）。图中 AB、CD、EF、GH4 段中每相邻两段间有一小段重合，得到主轴恒功率转速段 AH 段。适合于恒线速度切削时可在运转中变速的场合，如数控车床车削阶梯轴或端面。此时由于 φ_u 较小，有级变速箱的变速级数将增大，使结构变得复杂。

图 3-16 所示为 TND360 型数控车床主传动系统图和功率转矩特性图。采用直流调速电动机串联一个 2 级机械有级变速箱实现主轴无级变速。直流电动机的无级调速范围为 35～4000r/min，额定转速为 2000r/min。额定转速到最高转速之间，属恒功率区；最低转速至额定转速之间，属恒转矩区。恒功率调速范围 $R_{dp} = 4000/2000 = 2$。主电动机经同步齿形带传动主轴变速箱，经齿轮副 29/86 使主轴获得 7～760r/min 低速段转速；经齿轮副 84/60 得到 760～3150r/min 高速段转速，其中恒功率段为 380～760r/min 和 1600～3150r/min。

主轴的功率转矩特性见图 3-16（b）。因电动机的恒功率变速范围为 2，所串联的主轴变速箱的公比 φ_u 为 4.15，则在功率特性曲线上存在较大缺口，主轴在恒功率区的最大输出功率 $P = P_E \times \eta = 27 \times 0.9 = 24.3 \text{kW}$，而当主轴转速从 1600r/min 降到 760r/min，以及从 380r/min 降到 185r/min 时，则最大输出功率降至 11.7kW，因此，主轴在 185～3150r/min 转速范围内，任一转速所能得到的最大输出功率只能定为 11.7kW，多数情况下不能充分利用电动机功率。

主电动机 1 的另一个端带动测速发电机 2 实现速度反馈。主轴经齿轮 60/60 带动圆光栅 3，使主轴每转发出 1024 个脉冲。采用液压缸 4 操纵滑移齿轮变速。

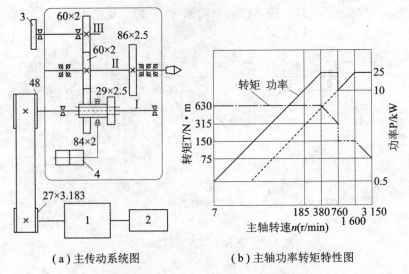

（a）主传动系统图　　　　　　　（b）主轴功率转矩特性图

图 3-16　　TND360 型数控车床主传动系统

3.1.6　主传动系统计算转速

设计机床主传动系统时，为了使传动件工作可靠、结构紧凑，必须对传动件进行动力设计。主轴及其他传动件(如传动轴、齿轮及离合器等)的结构尺寸主要根据它所传递的转矩大小来决定，即与传递的功率和转速这两个因素有关。

对于专用机床，在特定工艺条件下各传动件所传递的功率和转速是固定不变的，传递的转矩也是一定的。而对于工艺范围较广的通用机床和某些专门化机床，由于使用条件复杂，转速范围较大，传动件所传递的功率和转速也是变化的，将传动件的传递转矩定得偏小或偏大，是不可靠、不经济的。所以，传动件传递转矩大小的确定，必须根据机床实际使用情况进行调查分析。通用机床在最低的一段转速范围内，经常用于切削螺纹、铰孔、切断、宽刀精车等工序，消耗功率较小，不需要使用电动机全部功率；即便用于粗加工，由于受刀具、夹具和工件刚度的限制，不允许采用过大的切削用量，也不会使用电动机的全部功率。因此，只是从某一转速开始，才有可能使用电动机全部功率；但在使用电动机全部功率的所有转速之中，随着转速的降低，传递的转矩增加。因此，把传动件传递全部功率时的最低转速称为该传动件的计算转速。

1. 主轴计算转速确定

主轴计算转速 n_c 是主轴传递全部功率(此时电动机为满载)时的最低转速。从这一转速起至主轴最高转速间的所有转速都能传递全部功率，此为恒功率工作范围，而转矩则随转速的增加而减小。低于主轴计算转速的各级转速所能传递的转矩与计算转速时的转矩相等，此为恒转矩工作范围，而功率则随转速的降低而减小，如图 3-17(b) 所示。由图 3-17(a) 知该车床的主轴转速级数 $Z = 12$，按中型普通车床的主轴计算转速公式($n_c = n_{\min}\varphi^{\frac{z}{3}-1}$ 或 $n_c = n_{\min}R_n^{0.3}$)计算得 $n_c = 100\text{r/min}$。

主轴计算转速在转速图上可用"黑点"表示。计算转速必须是主轴实际具有的工作转速，如所得计算转速不在转速点上，则应选定与其最靠近的转速值。

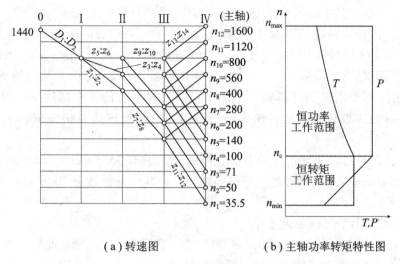

（a）转速图　　　　　　　　　　（b）主轴功率转矩特性图

图 3-17　主轴计算转速

2. 其他传动件计算转速确定

机床主传动中的齿轮、传动轴及其他传动件的计算转速，应是它传递全部功率的最低转速。如前所述，主轴从计算转速起至最高转速间的所有转速都能传递全部功率，那么实现主轴这些转速的传动件实际工作转速也能传递全部功率。

当主轴的计算转速确定之后，其他传动件的计算转速可从转速图上加以确定。确定顺序通常是"由后往前"，即先定出位于传动链后面（靠近主轴）的传动件的计算转速，再顺次由后往前地定出传动链中其他传动件的计算转速。其步骤是：

①该传动件共有几级实际工作转速；

②其中哪几级转速能够传递全部功率；

③能够传递全部功率的最低转速即为该传动件的计算转速。

现以图 3-17（a）为例，说明传动轴和齿轮计算转速的确定方法。

（1）传动轴的计算转速。

Ⅲ轴计算转速的确定：①Ⅲ轴共有 6 级实际工作转速 140～800r/min。②主轴在 100r/min（计算转速）至 1600r/min（最高转速）之间的所有转速都能传递全部功率，此时Ⅲ轴若经齿轮副 Z_{11}/Z_{12} 传动主轴，只有 400～800r/min 的 3 级转速才能传递全部功率；若经齿轮副 Z_{13}/Z_{14} 传动主轴，则 140～800r/min 的 6 级转速都能传递全部功率；因此，Ⅲ轴具有的 6 级转速都能传递全部功率。③其中，能够传递全部功率的最低转速为 $n_{\mathrm{III}}=140$r/min，即为Ⅲ轴的计算转速（用黑点表示）。

其余依此类推，得各传动轴的计算转速为：$n_{\mathrm{I}}=800$r/min，$n_{\mathrm{II}}=400$r/min。

（2）齿轮的计算转速。

①齿轮 Z_{13} 的计算转速。Z_{13} 装在Ⅲ轴上，共有 140～800r/min 6 级转速；经 Z_{13}/Z_{14} 传动，主轴所得到的 6 级转速 280～1600r/min 都能传递全部功率，故 Z_{13} 的这 6 级转速也能传递全部功率；其中最低转速 140r/min 即为 Z_{13} 的计算转速。

②齿轮 Z_{14} 的计算转速。Z_{14} 装在Ⅳ轴(主轴)上,共有 280～1600r/min6 级转速;它们都能传递全部功率;其中最低转速 280r/min 即为 Z_{14} 的计算转速。

③齿轮 Z_{11} 的计算转速。Z_{11} 装在Ⅲ轴上,共有 140～800r/min6 级转速;其中只有在 400～800r/min 的 3 级转速时,经 Z_{11}/Z_{12} 传动主轴所得到的 100～200r/min3 级转速才能传递全部功率,而 Z_{11} 在 140～280r/min3 级转速时,经 Z_{11}/Z_{12} 传动主轴所得到 35.5～71r/min3级转速都低于主轴的计算转速(100r/min),故不能传递全部功率,因此 Z_{11} 只有 400～800r/min 这 3 级转速才能传递全部功率;其中最低转速 400r/min 即为 Z_{11} 的计算转速。

④齿轮 Z_{12} 的计算转速。Z_{12} 装在Ⅳ轴(主轴)上,共有 35.5～200r/min6 级转速,其中只有 100～200r/min 这 3 级转速才能传递全部功率;其中最低转速 100r/min 即为 Z_{12} 的计算转速。

其余各齿轮的计算转速依此类推。

应该指出,确定齿轮计算转速时,必须注意到它所在的传动轴。此外,齿轮计算转速与所在轴计算转速的数值可能不一样,要根据转速图的具体情况来确定。

3.2　机床进给传动系统设计

3.2.1　进给传动系统类型及设计要点

1. 进给传动的类型及组成

机床进给传动系统是用来实现机床的进给运动和有关辅助运动(如快进、快退等调节运动)。根据机床的类型、传动精度、运动平稳性和生产率等要求,可采用机械、液压和电气等不同传动方式。

机械进给传动系统结构复杂、制造工作量大,但具有工作可靠、维修方便等特点,仍然广泛应用于中、小型普通机床中。机械进给传动系统主要由动力源、变速机构、换向机构、运动分配机构、过载保险机构、运动转换机构、执行机构以及快速传动机构等组成。

(1)动力源。进给传动可采用一个或多个电动机单独驱动,便于缩短传动链、实现进给运动的自动控制;也可以与主传动共用一个动力源,便于保证主传动和进给运动之间的严格传动比关系,适用于有内联系传动链的机床,如车床、齿轮加工机床等。

(2)变速机构。用来改变进给量大小,常用滑移齿轮、交换齿轮、齿轮离合器和机械无级变速器等。设计时,若几个进给运动共用一个变速机构,应将变速机构放置在运动分配机构前面。由于机床进给运动的功率较小、速度较低,有时也采用拉键机构、齿轮折回机构和棘轮机构等。

(3)换向机构。用来改变进给运动的方向,一般有两种方式:一种是进给电动机换向,换向方便,但普通进给电动机的换向次数不能太频繁;另一种是齿轮或离合器换向,换向可靠,应用广泛。

(4)运动分配机构。实现纵向、横向或垂直方向不同传动路线的转换,常采用各种离合器机构。

(5)过载保险机构。其作用是在过载时自动断开进给运动,过载排除后自动接通,常采用牙嵌离合器、摩擦片式离合器、脱落蜗杆等。

（6）运动转换机构。用来转换运动类型，一般是将回转运动转换为直线运动，常采用齿轮齿条、蜗杆齿条、丝杠螺母机构。

（7）快速传动机构。为了便于调整机床、节省辅助时间和改善工作条件。快速传动可与进给传动共用一个进给电动机，采用离合器等进给传动链转换；大多数采用单独电动机驱动，通过超越离合器、差动轮系机构或差动螺母机构等，将快速运动合成到进给传动中。

液压进给传动通过动力液压缸等传递动力和运动，并通过液压控制技术实现无级调速、换向、运动分配、过载保护和快速运动。油缸本身做直线运动，一般不需要运动转换。液压传动工作平稳、动作灵敏，便于实现无级调速和自动控制，而且在同等功率情况下体积小、重量轻、机构紧凑，因此广泛用于磨床、组合机床和自动车床的进给传动中。

电气进给传动是采用无级调速电动机，直接地或经过简单的齿轮变速或同步齿形带变速，驱动齿轮条或丝杠螺母机构等传递动力和运动；若采用近年出现的直线电动机可直接实现直线运动驱动。电气传动的机械结构简单，可在工作中无级调速，便于实现自动化控制，因此应用越来越广泛。

数控机床的进给系统称为伺服进给传动系统，由伺服驱动系统、伺服进给电动机和高性能传动元件（如滚珠丝杠、滚动导轨）组成，在计算机（即数控装置）的控制下，可实现多坐标联动下的高效、高速和高精度进给运动。

2. 进给传动系统设计要点

（1）速度低、功耗小、恒转矩传动。

与机床主运动相比较，进给运动的速度一般较低、受力较小，传动功率也较小，可以看做恒转矩传动。传动系统中任一传动件所承受的转矩可用下式计算：

$$T_i = T_{max} i_i / \eta_i \tag{3-14}$$

式中：T_i——任一传动轴承受的转矩；

T_{max}——末端输出轴上允许的最大转矩；

i_i——从 i 轴到末端轴的传动比；

η_i——从 i 轴到末端轴的传动效率。

（2）计算转速。

确定进给传动系统计算转速（或计算速度）的目的是确定所需的功率，一般按下列三种情况确定：

①具有快速运动的进给系统，传动件的计算转速（或计算速度）取在最大快速运动时的转速（或速度）。

②对于中型机床，若进给运动方向的切削分力大于该方向的摩擦力，则传动件的计算转速（或速度）由该机床在最大切削力工作时所使用的最大进给速度来决定，一般为机床规定的最大进给速度的 1/2～1/3。

③对于大型机床和精密或高精密级机床，若进给运动方向的摩擦力大于该方向的切削分力，则传动件的计算转速（或速度）由最大进给速度来决定。

（3）变速系统的传动副要"前少后多"、降速要"前快后慢"、传动线要"前疏后密"。

对于进给量按等比级数排列变速系统，其设计原则刚好与主传动变速系统的设计原则相反，对于 12 级进给变速系统，其结构式可取：$Z = 12 = Z_1 \times Z_2 \times Z_3$，可减小中间传动件至末端传动件的传动比，减少所承受的转矩，以便减小尺寸，使结构更为紧凑。

3.2.2　进给传动系统传动精度

机床的传动精度是指机床内联系传动链两端件之间相对运动的准确性。例如，车削螺纹时机床的传动链应在整个加工过程中始终保证主轴转一转，刀架移动一个螺纹导程值。机床的传动精度是评价机床质量的重要标准之一。

1. 误差来源

在传动链中，各传动件的制造误差和装配误差以及传动件因受力和温度变化而产生的变形都会影响传动链的传动精度。在传动件的制造误差中，传动件的轴向跳动和径向跳动，齿轮和蜗轮的齿形误差、周节误差和周节累积误差，丝杠、螺母和蜗杆的半角误差、导程误差和导程累积误差等，是引起传动误差的主要来源。

2. 误差传递规律

在传动链中，各个传动件的传动误差都按一定传动比依次传递，最后集中反映到末端件上，其传动规律可用下式表示：

$$\Delta \Phi_n = \Delta \Phi_i i_i \tag{3-15}$$

$$\Delta l_n = r_n \Delta \Phi_n = r_n \Delta \Phi_i i_i \tag{3-16}$$

式中：$\Delta \Phi_i$——传动件 i 的角度误差；

$\quad\quad i_i$——传动件 i 到末端件 n 之间的传动比；

$\quad\quad \Delta \Phi_n$、Δl_n——由 $\Delta \Phi_i$ 引起的末端件 n 的角度误差和线值误差；

$\quad\quad r_n$——在末端件 n 上与加工精度有关的半径。

由于传动链是由若干传动件组成的，所以每一传动件的误差都将传递到末端件上。转角误差都是向量，总转角误差应为各误差的向量和，在向量方向未知的情况下，可用均方根误差来表示末端件的总误差 $\Delta \Phi_\Sigma$、Δl_Σ：

$$\Delta \varphi_\Sigma = \sqrt{\sum_{i=1}^{n} \left(\Delta \Phi_i i_i \right)^2} \tag{3-17}$$

$$\Delta l_\Sigma = r_n \Delta \Phi_\Sigma \tag{3-18}$$

根据上述分析，可以给出提高传动精度的措施，这也是内联系传动链的设计原则。即

(1) 缩短传动链。设计传动链时尽量减少串联传动件的数目，以减少误差的来源。

(2) 合理分配传动副的传动比。根据误差传递规律，传动链中传动比应采取递降原则。在内联系传动链中，运动通常是由某一中间传动件传入，此时向两末端件的传动应采用降速传动，则中间传动件的误差反映到末端件上可以被缩小，并且末端件传动副的传动比应最小，即降速幅度最大。所以在传递旋转运动时，末端传动副应采用蜗轮副；在传递直线运动时，末端传动副应采用丝杠副。

(3) 合理选择传动件。内联系传动链中不允许采用传动比不准确的传动副，如摩擦传动副。斜齿圆柱齿轮的轴向窜动会使从动齿轮产生附加的角度误差；梯形螺纹的径向跳动会使螺母产生附加的线值误差；圆锥齿轮、多头蜗杆和多头丝杠的制造精度低。因此，传动精度要求高的传动链，应尽量不用或少用这些传动件。

为使传动平稳必须采用斜齿圆柱齿轮传动时，应将螺旋角取得小些；采用梯形螺纹丝

杠时，应将螺纹半角取得小些，一般小于 7°30′；为了减少蜗轮的齿圈径向跳动引起节圆上的线值误差，齿轮精加工机床常采用小压力角的分度蜗轮，此外尽量加大蜗轮直径，以便缩小反映到工件上的误差。

（4）合理确定各传动副精度。根据误差传递规律，末端件上传动副误差直接反映到执行件上，对加工精度影响最大，因此其精度应高于中间传动副。

（5）采用校正装置。为了进一步提高进给传动精度，可以采用校正装置。机械式校正装置是针对具体机床的实际传动误差制成校正尺或校正凸轮，用以推动执行件产生附加运动，对传动误差进行补偿。由于机械校正装置结构复杂，补偿精度有限，应用并不普遍，近几年出现了利用光电原理制成的校正装置。数控机床采用检测反馈、软件或硬件补偿等方法，使机床的定位精度与传动精度得到了大幅度提高。

3.2.3 数控机床伺服进给传动系统类型

数控机床的伺服进给传动系统是以机械位移作为控制对象的自动控制系统，其作用是接收来自数控装置发出的进给脉冲，经变换和放大后，驱动工作台或刀架等按规定的速度和距离移动。相对于每一个进给脉冲信号，机床部件的移动量称为数控机床的脉冲当量或最小设定单位，其大小视机床的精度而定，一般为 0.01 ~ 0.0005mm。由于伺服系统直接决定刀具和工件的相对位置，是影响加工精度和生产率的主要因素之一。

数控机床的伺服进给系统按有无检测反馈装置可分为开环、闭环和半闭环系统。

（1）开环系统。开环系统是对工作台等的实际位移不进行检测反馈处理的系统，如图 3-18 所示。开环系统的伺服电动机一般采用步进电动机，经降速齿轮（或同步齿形带）和滚珠丝杠螺母，带动工作台移动。这种系统的精度、速度和功率都受到限制，但系统结构简单、调试方便、成本低廉，主要应用于各种经济型数控机床中。

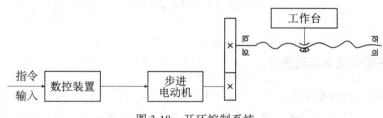

图 3-18 开环控制系统

（2）闭环系统。在闭环系统中，使用位移检测装置直接测量机床执行部件（如刀架或工作台）的移动，并反馈给数控装置，与指令位移进行比较，用其差值控制伺服电动机工作。闭环系统的伺服电动机一般采用直流或交流伺服电动机，为了提高系统稳定性，还必须对电动机速度进行检测，实行速度反馈控制，如图 3-19 所示。图中 A 为速度检测元件，C 为工作台线性位移检测元件。

闭环系统可以消除整个系统的误差，包括机械系统的传动误差等，其控制精度和动态性能都比较理想，但系统结构复杂，安装和调试比较麻烦，成本高，用于精密型数控机床。

（3）半闭环系统。如果将闭环系统的位移检测装置改为角位移检测装置，不是安装在

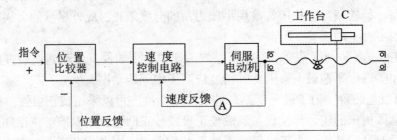

图 3-19 闭环控制系统

工作台上而是安装在伺服电动机上，通过对电动机的角位移进行检测，间接对工作台实行反馈控制，便形成了所谓半闭环控制，如图 3-20 所示。图中 B 为电动机转角检测元件，A 为直流或交流伺服电动机的速度检测元件。

半闭环伺服控制系统将齿轮、丝杠螺母和轴承等机械传动部件排除在反馈控制之外，不能完全补偿它们的传动误差，因此精度比闭环差，但由于排除了机械传动系统的干扰，系统稳定性有所改善，调试方便，而且结构简单，成本较闭环系统低，所以应用比较广泛。

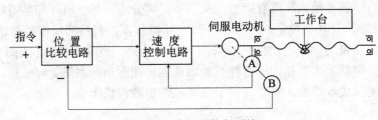

图 3-20 半闭环控制系统

3.2.4 进给伺服电动机选择

数控机床的进给伺服电动机与普通的电动机不同，必须满足调速范围宽、响应速度快、恒转矩输出且过载能力强、能承受频繁启动、停止和换向等要求。随着科学技术的发展，进给伺服电动机的类型越来越多，性能越来越优越，主要有步进电动机、直流伺服电动机、交流伺服电动机和直线伺服电动机等。

1. 步进电动机

步进电动机又称脉冲电动机，是利用电磁铁吸合原理工作，每接收一个电脉冲信号，电动机就转过一定的角度，称为步距角。步进电动机的角位移与输出脉冲的个数成正比，在时间上与输入脉冲同步，因此只要控制输入脉冲的数量、频率和分配方式，便可控制所需的转角、转速和转向，没有累计误差。无脉冲输入时，在绕组电源激励下，气隙磁场能使电动机转子处于定位状态。

步进电动机类型很多，用于数控机床的主要是反应式和混合式两大类，其步距角为 $0.3° \sim 3°$，输出静转矩由小于 $1\mathrm{N} \cdot \mathrm{m}$ 至几十 $\mathrm{N} \cdot \mathrm{m}$。步进电动机结构简单、使用维修方便、成本低，在我国被广泛用于中、小型经济型数控机床中。

2. 直流伺服电动机

直流伺服电动机是最早用于数控机床进给伺服驱动的，一般通过调整电枢电压进行大范围调速，调整电枢电流保证恒转矩输出。主要有小惯量和大惯量直流电动机两大类。

(1)小惯量直流电动机。为了减小转动惯量、降低电动机的机械时间常数，其转子直径小、轴向尺寸大，长径比约为 5；为了减小电感、降低电气时间常数，其转子表面无槽，电枢绕组用环氧树脂固定在转子的外圆柱表面上。这种结构特点决定了该类电动机动态特性好，响应速度快，加、减速能力强。其缺点是因惯量小，必须带负载进行调试；输出转矩较小，一般必须通过齿轮或同步齿形带传动进行降速，因此多用于高速轻载的数控机床。

(2)大惯量直流电动机。又称宽调速直流电动机，是通过加大电动机转子直径，增加电枢绕组中的导线数目，显著提高电磁转矩。大惯量直流电动机有电励磁式和永磁式两种，其中永磁式应用较为普遍。其特点是能在低速下平稳运行，输出转矩大，可以直接与丝杠相连，不需要降速传动机构，由于惯量大，可以无负载调试，调试方便。此外根据用户要求可内装测速发电机、旋转变压器或制动器，获得较高的速度环增益，构成精度较高的半闭环系统，能获得优良低速刚度和动态性能。

3. 交流伺服电动机

自 20 世纪 80 年代中期开始，交流伺服电动机得到了迅速发展。可分为交流异步电动机和交流同步电动机，按产生磁场的方式又可分为永磁式和电磁式。在数控机床的进给驱动中大多采用永磁同步交流伺服电动机，转子为永磁材料制成。通过改变交流电动机频率实现电动机调速。同直流伺服电动机相比，交流伺服电动机结构简单、体积小、制造成本低；交流伺服电动机没有电刷和换向器，不需要经常维护，没有直流伺服电动机因换向火花影响运行速度提高这种限制。因此，交流伺服电动机发展得很快，特别是新型永磁材料，如第三代稀土材料——钕铁硼材料、大功率晶体管和微机技术的发展，使得交流伺服电动机不断完善，应用日益广泛。

4. 直线伺服电动机

直线伺服电动机是将电能直接转化为直线运动机械能的电力驱动装置。可取代传统的回转型伺服电动机加滚珠丝杠的伺服传动系统，可以简化结构，提高刚度和响应速度，使工作台的加(或减)速度提高 10 ~ 20 倍，移动速度提高 3 ~ 4 倍。直线电动机在近三十年来已在自动化仪表、计算机外围设备等方面得到实际应用，目前已开始用于数控机床。

直线伺服电动机的工作原理同旋转伺服电动机相似，可以看成是旋转型伺服电动机沿径向切开，然后向两边展开拉平后演化而成，原来的旋转磁场变成平磁场，为了平衡单边磁力，可做成双边对称型。直线伺服电动机有感应式、同步式和直线步进电动机等多种类型，其技术有待进一步完善，制造成本有待进一步降低。

3.2.5　伺服进给系统性能分析

伺服进给系统是数控机床的重要组成部分，其性能的优劣直接影响机床的加工精度和效率。对于开环系统和半闭环系统主要是系统的定位精度，对于闭环系统主要是系统的稳定性。此外，系统的速度误差还会对工件的轮廓误差等产生影响，坐标轴瞬时起、停或改变速度时，由于系统的动态特性会影响轮廓跟随精度，也会引起轮廓误差，特别在加工内、外拐角时，会引起欠程误差、超程误差或加工振荡等。

1. 开环和半闭环系统的定位误差

一般来说，由于机械传动系统的刚度、摩擦等因素不包括在开环和半闭环伺服控制系统的位置控制环节中，所以一般情况下系统都能稳定工作，但必须考虑由此引起的定位误差。影响开环和半闭环系统定位精度的因素很多，除了传动误差(如丝杠螺旋误差等)外，主要是死区误差。

所谓死区误差是传动系统在启动或反向时产生的输入运动与输出运动的差值。死区误差主要有间隙死区误差和摩擦死区误差两大类型。由于机械传动装置存在间隙，伺服电动机在启动或反向时首先要消除这部分间隙，因而形成间隙死区误差；由于传动系统，特别是导轨摩擦的存在，伺服电动机在启动或反向时，要克服摩擦力引起传动装置变形，因而产生摩擦死区误差，即

$$\Delta = \delta_h + 2\delta_f = \sum_i \delta_{hi}/i_i + 2F_0/k_0 \qquad (3\text{-}19)$$

式中：Δ——最大死区误差，mm；

δ_h——间隙死区误差，mm；

δ_f——摩擦死区误差，mm；

δ_{hi}——第 i 个传动副的传动间隙，mm；

i_i——第 i 个传动副至工作台之间的降速比($i_i > 1$)；

F_0——进给导轨的静摩擦力，N；

k_0——系统折算到工作台上的综合刚度，N/μm。

$$\frac{1}{k_o} = \frac{1}{k_e} + \frac{1}{k'_R}$$

$$k'_R = k_R \, (2\pi i/S)^2 \times 10^6$$

式中：k_e——机械传动装置折算到工作台上的刚度，N/μm；

k_R——反映在伺服电动机轴上的控制系统伺服刚度，N/μm；

S——丝杠导程，m；

i——伺服电动机与工作台之间的降速比。

机械传动装置折算到工作台上的刚度包含所有传动件的刚度，但一般情况下主要是丝杠副的刚度。丝杠副的刚度主要是丝杠的拉压刚度、对滚动支承的接触刚度、滚珠与丝杠和螺母滚道间的接触刚度，在精确计算时也应予以考虑。

伺服控制系统反映在电动机上的伺服刚度是伺服电动机输出转矩(N·m)与位置偏差(rad)之比，是反映控制系统克服外界干扰(即负载)的能力，与伺服电动机及有关控制元件的性能有关，对于一般的半闭环系统，可采用下式计算：

$$k_R = K_s K_t K_e (1 + K_{v0})/R_M \qquad (3\text{-}20)$$

式中：K_s——控制系统的开环增益，1/s；

K_t——电动机转矩系数，N·m/A；

K_e——电动机反电动势系数，Vs/rad；

K_{v0}——速度控制环开环增益，V/V；

R_M——电动机电枢回路及伺服放大器的阻抗，Ω。

2. 闭环系统的稳定性

闭环伺服进给系统中，有位移检测装置直接对刀架或工作台的位移进行检测和反馈，在数控装置的比较环节中，指令位移和检测位移进行比较，用其差值对伺服电动机进行控制，可以消除传动装置的定位误差，因此系统的稳定性是设计的主要问题，为此必须对系统的动态特性进行分析。

对于大惯量直流电动机驱动的中、小型数控机床的伺服进给系统，其频率响应决定于电动机速度环的频率特性，可简化为二阶系统进行稳定性分析。系统开环传递函数 $G_k(s)$ 和阻尼比 ξ 可用下式表示：

$$G_k(s) = \frac{K}{s(T_s+1)} \tag{3-21}$$

$$\xi = \frac{1}{2\sqrt{KT}} \tag{3-22}$$

式中：K——系统开环增益，1/s；

T——时间常数，s。

机床伺服进给系统的开环增益一般为 20～30 左右，对轮廓加工的连续控制应选取较高的增益，同时注意使阻尼比不致太小，提高系统的稳定性。

对于小惯量直流伺服电动机驱动的中小型数控机床和大惯量直流伺服电动机驱动的大型数控机床，由于伺服传动机构的固有频率远低于电动机的固有频率，系统的频率特性主要取决于机械传动机构的频率特性。此时，机械传动装置可简化为滚珠丝杠作扭转振动的二阶振动系统，系统的开环传递函数可表示为

$$G_k(s) = \frac{K\omega_n^2}{s(s^2+2\xi\omega_n s+\omega_n^2)} \tag{3-23}$$

式中：ω_n——系统的固有频率；

$$\omega_n = \sqrt{\frac{k}{J}}$$

$$\xi = \frac{f}{2\sqrt{Jk}} \tag{3-24}$$

式中：k——系统折算到丝杠上的总刚度，N·m/rad；

J——系统折算到丝杠上的总惯量，kg·m^3；

f——折算到丝杠上的黏性阻尼系数，N·m·s/rad。

根据自动控制理论，系统稳定性的条件为

$$K < 2\xi\omega_n \tag{3-25}$$

3. 系统跟随误差对轮廓加工误差的影响

在连续进行轮廓加工时，要求精确地控制每个坐标轴运动的位置和速度。实际上系统存在着稳态误差，会影响坐标轴的协调运动，产生轮廓跟随误差。

（1）跟随误差。

数控机床的伺服进给系统可简化成一阶系统，由控制理论可知，对于一阶系统，当恒速输入时，稳态情况下系统的运动速度与速度指令值相同，但两者的瞬时位置有一恒定滞

后。跟随误差可用下式计算：

$$E = V/K_s \qquad (3-26)$$

式中：E——坐标轴的跟随误差；

　　　V——坐标轴运动速度；

　　　K_s——该坐标轴控制系统的开环增益。

（2）直线加工的轮廓误差。

根据几何关系，平面直线加工时的轮廓误差，即实际直线与理论直线的距离可表示为

$$\varepsilon = V\sin 2\alpha (K_{SX} - K_{SY})/2K_{SX}K_{SY} \qquad (3-27)$$

式中：ε——直线的轮廓误差；

　　　V——加工的进给速度；

　　　α——直线与 X 轴的夹角；

　　　K_{SX}——X 轴的系统增益；

　　　K_{SY}——Y 轴的系统增益。

显然，若两坐标轴控制系统的增益相等时，轮廓误差 ε 为零；若不等，则存在轮廓误差，与两坐标轴增益的差值、进给速度成正比，且与直线与 X 轴的夹角有关，$\alpha = 45°$时，ε 值最大。

（3）圆弧加工时的轮廓误差。

平面圆弧加工时，若两坐标轴的系统增益相等时，被加工圆弧会产生半径误差，且有

$$\Delta R = V^2/[2R(K_{VX}^2 + K_{VY}^2)] \qquad (3-28)$$

式中：ΔR——圆弧半径误差；

　　　R——被加工圆弧的半径。

显然，圆弧半径误差与进给速度成平方正比，与被加工圆弧的半径及合成系统增益的平方成反比。若两坐标轴的系统增益不等，被加工形状会变成为椭圆。

（4）拐角加工时的误差。

拐角加工为直角的零件，而且加工路径恰好沿着两个正交坐标轴时，在某一轴的位置指令输入停止的瞬间，另一轴紧接着接收位置指令。但在指令突然发生改变的瞬间，第一轴对指令位置有一滞后量，即位置偏差 v/k_s。此时第二轴已根据指令开始运动，但第一轴在消除滞后量过程中继续运动，结果构成了一个弯曲过渡。如图 3-21 所示。若进给系统的系统增益较低，位置响应特性如图（b）所示，则形成的弯曲过渡如图（a）所示；若进给系统的系统增益较高，位置响应特性如图（c）所示，有位置超程，则形成的弯曲过渡如图（d）所示。图（e）为两轴联动，以 1500mm/min 的进给速度加工 90°拐角时不同系统增益的情况。对于低增益系统，如 $K_s = 20\text{s}^{-1}$，会使拐角处稍有圆弧，若为外拐角，则多切去一个小圆弧；若为内拐角，则留下多余金属，形成欠程误差，欠程误差可让刀具在拐角处停留 20～50ms 加以消除。对于高增益系统，如 $K_s = 100\text{s}^{-1}$ 在切外拐角处会留下一个鼓包，在切内拐角时会形成过切，形成超程误差，有时还会产生振荡，形成切削波纹。为限制超程时过切，可在编程时安排第一轴分级降速，或在程序段转换时，采用自动降速和加速功能。

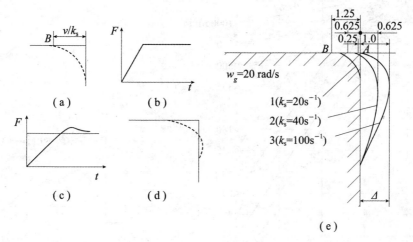

图 3-21　系统增益对拐角加工的影响

习题与思考题

1. 主传动系统的分类及传动方式是什么？

2. 机床主传动的变速方式有哪几种？各有何特点？

3. 传动组的级比和级比指数是什么？常规转速传动系的各传动组的级比指数有什么规律？

4. 传动组的变速范围是什么？各传动组的变速范围之间有什么关系？

5. 结构式与结构网的拟定步骤及内容如何？

6. 某车床的主轴转速为 $n = 40 \sim 1800 \text{r/min}$，公比 $\varphi = 1.41$，电动机的转速 $n_{电} = 1440 \text{r/min}$，试拟定结构式、转速图；确定齿轮齿数、带轮直径，验算转速误差；画出主传动系统图。

7. 设公比 $\varphi = 1.26$，级数 $z = 18$，试从各种传动方案中选出最佳方案，并写出结构式，画出转速图和传动系统图。

8. 试求题图 3-1 所示的机床各轴、各齿轮的计算转速。

9. 试求题图 3-2 所示车床的各齿轮、各轴的计算转速。

10. 主传动齿轮变速组的传动比和变速范围的极限值是多少？为了限制其变速范围不超出极限值，应注意什么问题？为什么？

11. 扩大机床主轴转速范围的主要措施有哪些？各有何特点？

12. 数控机床主传动系设计有哪些特点？

13. 进给传动系设计需满足的基本要求是什么？

14. 什么是开环、闭环和半闭环的伺服进给系统？其特点如何？

15. 数控机床的伺服进给电机有哪几种类型？特点如何？

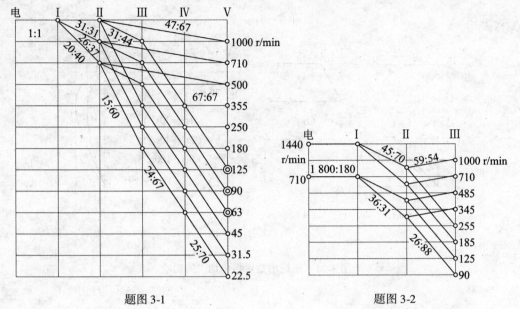

题图 3-1   题图 3-2

第 4 章　金属切削机床典型零部件

4.1　主轴组件

机床主轴是机床在加工时直接带动工件(如车床)或刀具(如铣床、镗床等)进行切削和表面成形运动的旋转轴。主轴组件包括主轴、轴承和安装在主轴上的传动件等。主轴组件是机床的关键部分之一，其工作性能直接影响加工质量和切削生产率，是决定机床性能和经济技术指标的重要因素，其结构的先进性是衡量机床水平的标志之一。

4.1.1　对主轴组件的基本要求

1. 转速

主轴的转速范围是根据机床所要求的切削速度及工件或刀具的尺寸确定的，可根据各类机床不同的实际工作状况来确定其主轴的计算转速。为满足主轴转速范围的要求，除主传动系统必须保证之外，对主轴组件而言，主要应考虑选择适当的轴承及润滑方式，以满足速度、尤其是高速时的适应性。

2. 回转精度

当主轴做回转运动时，线速度为零的点的连线称为主轴的回转中心。回转中心线的空间位置在理想状态下应当固定不变。而实际上，由于各种原因，回转中心线的空间位置每一瞬间都在变化，这些瞬时回转中心线的平均位置称为理想回转中心线。瞬时回转中心线相对于理想回转中心线在空间的位置距离，就是主轴的回转误差，而回转误差的范围，就是主轴的回转精度。回转误差的基本形式为径向误差 $r_0(t)$、角度误差 $\alpha(t)$ 和轴向误差 $z_0(t)$，它们一般不会单独存在。径向误差和角度误差同时存在时，构成径向跳动 $r(t)$；轴向误差和角度误差同时存在时，构成轴向端面跳动(也就是轴向窜动)$f(t)$。主轴组件的回转精度主要取决于主轴轴承等主要件的制造精度、主轴组件的结构、装配与调整精度及其平衡。影响轴件回转精度的主要因素有：

(1)轴件支承轴颈的圆度误差是主要引发主轴周期性的径向误差。

(2)轴承的误差，如滚道的圆度、滚动体直径和圆度的不一致性引发的径向误差。

(3)轴承端面对轴件轴颈的垂直度和推力轴承的滚道与滚动体误差引发的轴向误差。

(4)轴件前后轴承的同轴度及其径向跳动大小和方向的不一致引发的摆动误差。

(5)轴件的不平衡和轴件支承刚度的变化引发主轴的径向误差和摆角误差。

(6)主轴振动引发的径向误差。

(7)滑动轴承在低速和高速时的油膜振荡引发的径向误差。

3. 静刚度

静刚度是指弹性体承受的静态外力或转矩(交变频率低于 0.167Hz)的增量与其作用下弹性体受力处所产生的位移或转角的增量之比,即产生单位变形量所需静载荷的大小。当载荷为弯矩、转矩时,相应的变形量为挠度、扭转角,相应的刚度称为抗弯刚度、抗扭刚度。一般中间传动轴受轴上传动件的切向力和径向力的作用,产生转矩和弯矩,其强度和刚度应按弯扭合成进行验算。主轴按功能要求,一般进行刚度或柔度验算(柔度为刚度的倒数)。

大多数机床均可以用弯曲刚度作为衡量主轴组件静刚度的指标。但是,对于钻床而言,则以扭转刚度作为衡量主轴组件静刚度的指标。

主轴组件的刚度不足,会引起切削过程不稳定,造成被加工件的尺寸误差和形状误差,降低加工质量。同时,会影响主轴传动件与主轴轴承的工作性能及其寿命,从而对机床的使用功能造成不利影响。

影响主轴组件静刚度的因素主要是:主轴的结构形状,主轴前后轴承之间的距离,主轴前端的悬伸量,传动件的布置形式,轴承的刚度,主轴组件的制造和装配质量,等等。要提高主轴组件的静刚度,必须在设计时对上述因素进行选择和计算。

4. 动刚度

机床在工作时,不仅受到静态力的作用,同时,还受到由于断续切削、加工余量变化、运动部件的不平衡等因素引起的冲击力及交变力的干扰,从而使主轴组件产生振动,降低加工精度,影响被加工件的表面粗糙度,严重的甚至会破坏刀具或机床本身的零件,使其无法工作。因此,主轴组件不但要具有一定的静刚度,而且要具有足够的抑制各种干扰力引起振动的能力——抗振力。抗振力用动刚度 K_d 来衡量。

$$K_d = K \sqrt{\left[1 - \left(\frac{\omega}{\omega_n}\right)^2\right]^2 + \left(2\zeta \frac{\omega}{\omega_n}\right)^2}$$

式中:ω_n——固有频率($\omega_n = \sqrt{K/m}$)

ω——干扰频率;

ζ——阻尼比($\zeta = \gamma/\gamma_c$,γ 是阻尼系数,γ_c 是临界阻尼系数,$\gamma_c = 2m\omega_n$)

由上述公式可见,当主轴的固有频率 ω_n 与干扰频率 ω 相差越大,其动刚度也越大;而两者相差越小,其动刚度就越小;两者相等时,即两种频率相同,$\omega = \omega_n$,为共振状态,动刚度最小。

要使主轴组件的抗振性能好,必须使动刚度值 K_d 较大。因此,设计中应尽量使阻尼比、当量静刚度及固有频率的值较高。

5. 热稳定

(1)温升和热变形。

轴系的典型区域温度与环境温度之差为温升。轴系组件运行时,各相对运动部件产生的摩擦热、搅油所产生的热量和工作区产生的热量以及周围环境的辐射热等都要使主轴的温度升高,温升使主轴组件的形状和位置发生畸变,即热变形。温升越高,热变形越大,但对主轴的影响要看温升形成的温度场对轴心线的对称度和温升梯度。尽管温升高,但只要温度场对轴线是对称分布,而且主轴相近各点温差不大,对主轴精度的影响就不大;反之对主轴精度的影响会很大。

主轴组件温升和热变形,使系统各部件间相对位置精度遭到破坏,影响系统的工作精度；高精度系统尤为如此。热变形造成主轴弯曲，使传动齿轮和轴承的工作状态变坏。热变形还使轴件和轴承、主轴与支承座之间已调整好的间隙和配合发生变化，影响轴承的正常工作，间隙过小加速齿轮和轴承等零件的磨损。

（2）热位移。

热变形使主轴工作端截面形心相对固定坐标产生的位移称为热线位移。热变形使轴线相对固定坐标产生的偏角称为角位移。热线位移可在笛卡儿坐标中产生三个坐标轴方向的分量。

在主轴组件中，传动件的摩擦、主轴及轴承的运转、刀具的切削热等，会使相关零件受热膨胀，发生热变形，造成不利影响。例如，主轴与主轴轴承的受热变形，会引起它们的配合间隙发生变化，降低主轴组件的精度，进而影响加工精度；若主轴轴承是静压轴承或动压轴承，温升会使润滑油的黏度下降，降低轴承的承载能力。衡量热稳定的标准是达到热平衡的时间及其温升。所谓热平衡，是指主轴组件工作时，其发热量和接收到的热量等于其散射到周围环境中和传递到其他零、部件上去的热量。热平衡的时间和温升小一些为好。这样，使机床能很快达到稳定的温度，然后，再进行加工，有利于保持被加工工件的尺寸一致性。

为了提高主轴组件的热稳定性，首先应尽量减少其发热量，而且应保证充分的润滑，为此，主轴轴承通常采用摩擦力小的滚动轴承或静压轴承，机床主要的液压系统常常需配置温控箱。

6. 使用寿命

主轴组件的寿命主要指在使用期限内（一般为大修期），主轴组件的工作不应失去其设计时所规定的精度性能。精度保持性越好，寿命越长。

影响精度的主要原因是磨损，例如，主轴上传动件的磨损，工件定位面（锥孔、顶尖等）的磨损，主轴轴承和支承面（轴颈等）的磨损，等等。磨损的根本原因是两个相互接触、相互运动的表面之间的摩擦。润滑不充分、载荷太大、转速过高等原因都会加速磨损。因此，必须提高主轴组件的耐磨性。具体措施有：正确选择主轴的材料及其热处理方法，提高其定位面、轴颈等处的硬度；主轴的前后支承应尽可能同心；注意主轴轴承的润滑，润滑油应严格过滤；同时，注意主轴组件的制造精度和装配调整量。

7. 其他

主轴组件除应保证上述基本要求外，还应满足下列要求：

（1）主轴组件的定位要可靠，主轴在受力作用下，应有可靠的径向和轴向定位，使主轴在工作时所受到力通过轴承可靠地传至箱体等基础零件上去。

（2）主轴前端结构应保证工件或刀具装夹可靠，并有足够的定位精度。

（3）结构工艺性好，在保证好用的基础上，尽可能地做到好造、好装、好拆及好修，并尽可能降低主轴组件的成本。

4.1.2　主轴组件的传动

4.1.2.1　传动方式

主轴组件传动方式的选择，主要取决于主轴的转速、其所传递的扭矩的大小以及对运转平稳的要求，同时，应结构合理，便于维修。以下是应用较为广泛的三种传动方式：

1. 齿轮传动

齿轮传动的优点是能传递较大的扭矩，因而应用最为广泛。其缺点是线速度不能过高，传动不够平稳，一般适用于线速度 $v < 15\text{m/s}$ 的场合。当线速度过高时，受齿轮误差影响，其冲击力太大，容易损坏齿轮，且噪声也大。主轴上的传动齿轮，精度要求高，齿面通常需磨削加工。齿轮的材料常用 40Cr、42CrMo 等中碳钢，齿部高频淬火。也可用 20CrMnTi、20Cr 等低合金钢，齿面渗碳淬硬。

转速较高的主轴上最好不装滑移齿轮等活动性零件，以免因齿轮孔与轴之间的间隙而引起振动。为提高主轴的运转平稳性，可采用斜齿轮。

2. 带传动

带传动的优点是转速高，线速度可超过 30m/s，且运转平稳，同时，结构简单，成本较低。带传动一般用于变速范围不大的高速机床或精度较高的小型机床。缺点是传动带容易拉长和磨损，必须定期调整和更换，因此，结构上需考虑便于装卸和更换皮带。

线速度不太高时可用三角带、多楔带或同步齿形带；线速度超过 30m/s 时，宜用平带。带传动的材料一般为橡胶和皮革，丝织带可用于转速更高的场合和直径较小的带轮。

3. 电机直接传动

电机直接传动转速可更高，同时，这种纯扭矩传动可使主轴不承受弯矩，大大减少了其弯曲变形。用普通电机时不变速，用调速电机时能无级调速，结构简单，装卸方便。许多磨床的主轴均采用这种传动方式。

4.1.2.2 主轴部件的支承数目

多数机床的主轴采用前、后两个支承。这种方式结构简单，制造装配方便，容易保证精度。为提高主轴部件的刚度，前后支承应消除间隙或预紧。

为提高刚度和抗振性，有的机床主轴采用三个支承（如 CA6140 车床主轴）。三个支承中可以前、后支承为主要支承，中间支承为辅助支承，也可以前、中支承为主要支承，后支承为辅助支承。三支承方式对三支承孔的同心度要求较高，制造装配较复杂。主支承也应消除间隙或预紧，"辅"支承则应保留一定的径向游隙或选用较大游隙的轴承。由于三个轴颈和箱体上三个孔不可能绝对同轴，因此不能三个轴承都预紧，以免发生干涉，恶化主轴的工作性能，使空载功率大幅度上升和轴承温升过高。在三支承主轴部件中，采用前、中支承为主要支承的较多。

4.1.2.3 主轴传动件位置的合理布置

机床主轴一般都由皮带或齿轮传动。通常，主轴前端受到切削力的作用，而主轴中间或后端受到齿轮或皮带传动力的作用。在这些力作用下，主轴产生弯曲和扭转变形，各支承受到压力，在结构允许的情况下，合理布置这些传动件的位置和传动力的方向，可以减小主轴的受力和变形，提高主轴组件的刚度和抗振性。

1. 传动件的位置

皮带传动装置大多装在主轴的尾部，以防止皮带沾油和便于皮带更换。为了改善主轴的受力变形情况，有时采用卸荷式结构，即传动主轴的皮带轮（或传动齿轮）装在独立的支承上，并借助平键、花键、弹性联接等传动主轴。这样，传动力对主轴只产生转矩而不产生弯矩，消除了传动力所引起的主轴弯曲变形。卸荷式结构广泛应用于高精度或精密机床中。有的机床由于结构关系，也采用卸荷式结构，如立式铣床主轴组件，由于主轴要轴向移动, 传动轴不能同主轴固定联接。在有的小型机床中, 把卸荷式皮带轮布置在两个主轴支承之间, 例如, C6125B 型车床。这时皮带轮的两侧须设置可靠的密封装置来防止润滑油流出, 沾污胶带, 而更换皮带时必须拆卸主轴, 这就很不方便, 且影响机床精度。

主轴上的传动齿轮一般安置在各主轴支承之间, 为了减少主轴的弯曲变形和扭转变形, 应尽可能缩短主轴受扭部分的长度, 即这些齿轮应安置在靠近主轴前支承处, 当主轴上的传动齿轮有两个时, 应使传递转矩大的那个齿轮更靠近前支承。根据同样的道理, 主轴上传递进给运动的那个齿轮, 尽管传出的转矩并不大, 也应尽可能布置在靠近后支承处。

2. 传动力的位置和方向

主轴受力变形时, 其端部的挠度和支承上受力的大小与作用在主轴上的传动力的位置和方向有关, 常见的有图 4-1 所示的几种情况。

(1)主轴前端承受切削力 F_c 和后端承受传动力 F_t(图 4-1(a))。这种情况在外圆磨床、内圆磨床的砂轮主轴中常见。胶带轮安装在主轴后端, 则胶带拉力与切削力同向, 不能使切削力 F_c 和传动力 F_t 所引起的主轴前端变形部分地相互抵消。所以, 这种布局可用于胶带拉力较小的场合; 若胶带拉力很大, 则可考虑采用卸荷式结构。

(2)主轴前端承受切削力 F_c 和传动力 F_t(图 4-1(b))。当切削力 F_c 和传动力 F_t 均作用在主轴前端时, 可使两者方向相反, 从而使其引起的主轴前端变形部分地相互抵消。此外, 前支承反力也较小。F_c 和 F_t 均作用于主轴前端, 还可使主轴受扭长度较短, 但是传动件需要安装在前支承外面, 增加了主轴的悬伸长度, 结构上也较复杂。这种布局一般只适用于大型机床, 如大型卧式车床、立式车床等的主轴组件。

(3)主轴前端承受切削力 F_c 和两支承间承受传动力 F_t(图 4-1(c)、(d))。大多数机床都采用这种布局, 如卧式车床、六角车床、卧式镗床和铣床主轴上齿轮的布置, 如图 4-1(c)所示, 切削力 F_c 和传动力 F_t 的方向相同, 其所引起的主轴前端变形可相互抵消一部分, 则主轴前端总变形量较小, 但主轴前支承受力较大, 要求前轴承有较高的承载能力和刚度。这种布局一般适用于精度较高或前支承刚度较高的机床。图 4-1(d)所示, 切削力 F_c 和传动力 F_t 的方向相反, 则主轴前端总变形大, 前支承受力较小, 一般适用于精度较高的卧式机床。

合理布置传动件的轴向和径向位置, 可以改善主轴的受力状况, 减少主轴的变形; 改善传动件和轴承的工作条件, 减少轴承的受力; 提高主轴组件的抗振性能。

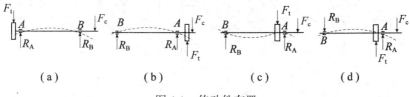

图 4-1　传动件布置

4.1.3 主轴轴承的选择

主轴轴承是主轴组件的重要组成部分，它的类型、结构、配置、精度、安装、调整和润滑等状况，直接决定着主轴组件的工作性能，同时，对于机床的几何精度、工作精度及其整机性能也有相当大的影响。

主轴轴承应具有旋转精度高、刚度高、承载能力强、抗振性好、适应变速范围大、耐磨性好、噪声低、使用寿命长等性能，同时，还应满足制造简单，使用维修方便，成本低，结构尺寸小等要求。现代机床上常用的主轴轴承主要有三大类：滚动轴承、液体动压轴承和液体静压轴承。下面，分别介绍这三大类轴承。

4.1.3.1 滚动轴承

滚动轴承在旋转精度、刚度、承载能力等主要性能上能满足大部分主轴组件的工作要求，尤其是在转速和载荷变动幅度很大的条件下，运转稳定可靠。同时，滚动轴承已经标准化，有专业厂生产，可直接选用，方便可靠。因此，设计主轴组件时，应尽量选用滚动轴承，特别是立式主轴，由于受密封条件的限制，只能采用滚动轴承。主轴滚动轴承的型号则根据机床主轴的转速和承载能力选择。在径向尺寸受到限制的场合，如中心距特别小得多主轴机床，可以选用滚针轴承。

滚动轴承的缺点：由于轴承内的滚动体数目有限，刚度是变化的，高速时容易引起振动和噪声，而且滚动轴承的径向尺寸比较大。

主轴所用滚动轴承的精度都比较高，有些高精度的数控机床需用 P5 级甚至 P4 级精度的滚动轴承，可根据使用要求确定。主轴常用滚动轴承的类型有：

1. 角接触球轴承

角接触球轴承又称为向心推力球轴承，极限转速较高。它可以同时承受径向和一个方向的轴向载荷，接触角有 15°、25°、40° 和 60° 等多种，接触角越大，可承受的轴向力越大。主轴用角接触球轴承的接触角多为 15° 或 25°。角接触球轴承必须成组安装，以便承受两个方向的轴向力和调整轴承间隙或进行预紧，如图 4-2 所示。图 4-2(a)为一对轴承背靠背安装，图 4-2(b)为面对面安装。背靠背安装比面对面安装的轴承具有较高的抗颠覆力矩的能力。图 4-2(c)为三个成一组，两个同向的轴承受主要方向的轴向力，与第三个轴承背靠背安装。

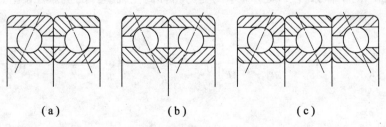

（a） （b） （c）

图 4-2 角接触球轴承的组配

2. 双列短圆柱滚子轴承

双列短圆柱滚子轴承的特点：内圈有 1：12 的锥孔与主轴的锥形轴径相匹配，轴向移动内圈，可以把内圈涨大，用来调整轴承的径向间隙和预紧；轴承的滚动体为圆柱滚子，能承受较大的径向载荷和较高的转速；轴承有两列滚子交叉排列，数量较多，因此刚度很高；不能承受轴向载荷。

双列短圆柱滚子轴承有两种类型，如图4-3（a）、（b）所示。图4-3（a）的内圈上有挡边，属于特轻系列；图4-3（b）的挡边在外圈上，属于超轻系列。同样孔径，后者外径可比前者小一些。

3. 圆锥滚子轴承

圆锥滚子轴承有单列（图4-3（d）、（e））和双列（图4-3（c）、（f））两类，每类又有空心（图4-3（c）、（d））和实心（图4-3（e）、（f））两种。单列圆锥滚子轴承可以承受径向载荷和一个方向的轴向载荷。双列圆锥滚子轴承能承受径向载荷和两个方向的轴向载荷。双列圆锥滚子轴承由外圈2、两个内圈1、4和隔套3（也有的无隔套）组成。修磨隔套3就可以调整间隙或进行预紧。轴承内圈仅在滚子的大端有挡边，内圈挡边与滚子之间为滑动摩擦，所以发热较多，允许的最高转速低于同尺寸的圆柱滚子轴承。

图4-3（c）、（d）所示的空心圆锥滚子轴承是配套使用的，双列用于前支承，单列用于后支承。这类轴承滚子是中空的，润滑油可以从中流过，冷却滚子，降低温升，并有一定的减振效果。单列轴承的外圈上有弹簧，用作自动调整间隙和预紧。双列轴承的两列滚子数目相差一个，使两列刚度变化频率不同，有助于抑制振动。

4. 推力轴承

推力轴承只能承受轴向载荷，它的轴向承载能力和刚度较大。推力轴承在转动时滚动体产生较大的离心力，挤压在滚道的外侧。由于滚道深度较小，为防止滚道的激烈磨损，推力轴承允许的极限转速较低。

5. 双向推力角接触球轴承

如图4-3（g）所示的双向推力角接触球轴承的接触角为60°，用来承受双向轴向载荷，常与双列短圆柱滚子轴承配套使用。为保证轴承不承受径向载荷，轴承外圈的公称外径与它配套的同孔径双列滚子轴承相同，但外径公差带在零线的下方，使外圆与箱体孔有间隙。轴承间隙的调整和预紧是通过修磨隔套3的长度实现。双向推力角接触球轴承转动时滚动体的离心力由外圈滚道承受，允许的极限转速比上述推力球轴承高。

6. 滚针轴承

滚针轴承与圆柱滚子轴承有相似之处，但其滚动体的直径相当小，一般不大于5mm，且直径与长度之比大于3。滚针轴承的刚度与承载能力均很高，但极限转速较低。因其径向尺寸很小，有时，甚至可以不用内圈或外圈，故结构紧凑，常用于轴向间距很小或低速重载的主轴。

7. 陶瓷滚动轴承

陶瓷滚动轴承的材料为氮化硅（Si_3N_4），密度为$3.2 \times 10^3 kg/m^3$，仅为钢（$7.8 \times 10^3 kg/m^3$）的40%，线膨胀系数为$3 \times 10^{-6}/℃$，比轴承钢小得多（$12.5 \times 10^{-6}/℃$），弹性模量为$315\,000 N/mm^2$，比轴承钢大。在高速下，陶瓷滚动轴承与钢制滚动轴承相比：重量轻，作用在滚动体上的离心力及陀螺力矩较小，从而减小了压力和滑动摩擦；滚动体热胀系数小，温升较低，轴承在运转中预紧力变化缓慢，运动平稳；弹性模量大，轴承的刚度增大。

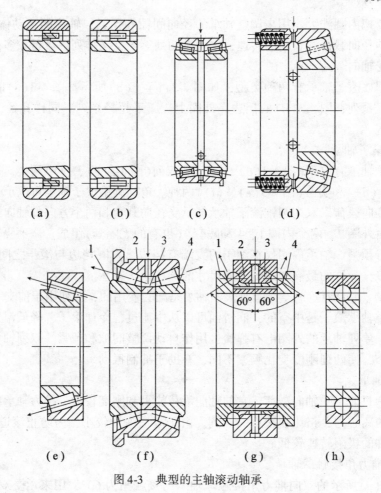

图 4-3　典型的主轴滚动轴承

　　常用的陶瓷滚动轴承有三种类型：①滚动体用陶瓷材料制成，而内、外圈仍用轴承钢制造；②滚动体和内圈用陶瓷材料制成，外圈用轴承钢制造；③全陶瓷轴承，即滚动体、内外圈全都用陶瓷材料制成。

　　在第①、②类中，陶瓷轴承滚动体和套圈采用不同材料，运转时分子亲和力很小，摩擦系数小，并有一定的自润滑性能，可在供油中断无润滑情况下正常运转，轴承不会发生故障。适用于高速、超高速、精密机床的主轴部件。第③类适用于耐高温、耐腐蚀、非磁性、电绝缘或要求减轻重量和超高速场合。陶瓷滚动轴承常用型式有角接触式和双列短圆柱式。轴承轮廓尺寸一般与钢制轴承完全相同，可以互换。这类轴承的预紧力有轻预紧和中预紧两种。常采用润滑脂或油气润滑。如 SKF 公司和代号为 CE/HC 角接触式陶瓷球轴承，脂润滑时，$d_m n$ 值可达到 1.4×10^6 mm · r/min；油气润滑时可达到 2.1×10^6 mm · r/min。

4.1.3.2　液体动压轴承

　　液体动压轴承是靠轴的转动所形成的油楔而具有承载能力的，所以结构较为简单。但动压轴承在低速时形成不了油楔，所以低速时其承载能力很小。因此，只适用于转速较高且速度变化不大的地方。

1. 液体动压轴承的工作原理

最初，液体动压轴承是单油楔的，这种轴承在工作条件发生变化(如主轴转速变化)时，油楔的厚度变化比较大，这使得轴在轴承内的位置也随之作较大的变化，造成旋转轴心不稳定，精度较差，油膜刚度也比较低。

主轴相对于一般的传动轴对旋转精度的要求要高得多，对轴承刚度的要求也高得多。因此，现代机床的主轴所用液体动压轴承，基本上采用了多油楔轴承。其工作原理：主轴旋转时周围可产生几个油楔，把主轴推向轴承中央。当主轴的转速发生变化时，各油楔的油膜压力变化值大致相同，不易引起主轴轴心位置的变化。当主轴受到外载荷时，轴承颈稍有偏心，这时轴承的油楔变薄而压力升高，与此同时，其对面的油楔变厚而压力降低，形成压力差，压力高的油楔将主轴推向压力低的油楔一边，使得轴承内有了新的平衡。因此，多油楔轴承的刚度比单油楔轴承高得多，因而，主轴的精度也高得多。

2. 液体动压轴承的种类

(1)固定式多油楔轴承。

这种轴承的油楔是由机械加工出来的油囊形成的，因此，轴承工作时的尺寸精度、接触状况和油楔参数等均很稳定，拆装后变化也很小，维修很方便。缺点是加工较为困难。

①用于磨床砂轮的固定式多油楔轴承。

因为磨床砂轮主轴的工作条件是旋转方向恒定，不需改变方向，且转速变化范围也很小，有些磨床甚至不变速，仅在砂轮外圆磨损变小后再略微提高主轴转速，以维持砂轮的线速度不变。所以，在轴承的内壁加工出5个等分的油囊，油囊形状为阿基米德螺旋线，由液压泵供应的低压油经5个进油孔进入油囊，从回油槽流出。形成循环润滑油路，主轴运转开始之前，油囊内应先注入润滑油。主轴停止运转后，液压泵才停止供油，避免主轴停止时出现干摩擦现象。油囊进、出口的布置与主轴旋转方向均如图4-4所示。

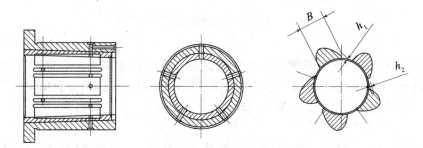

图4-4 用于磨床砂轮的固定式多油楔轴承

油楔进油口与出油口间的距离称为油楔宽度 B；入口间隙 h_1 与出口间隙 h_2 之比称为间隙比，就是轴瓦与轴承颈在半径上的间隙。

②用于车床主轴的固定式多油楔轴承。

这种轴承的内腔结构如图4-5所示。车床的工作条件与磨床不同，车床主轴的旋转方向会改变(正、反转)，转速变化范围又很大。因此，在轴承内壁加工出三个形状对成的偏心圆弧槽作为油囊，三个油囊之间还留有部分圆柱面。这样，无论主轴的旋转方向如何，都能形成相同的油楔。而当主轴低速旋转时，不能形成足够压强的油楔，就由油囊之间的圆柱面来承受载荷。但这时,只相当于普通的滑动轴承。

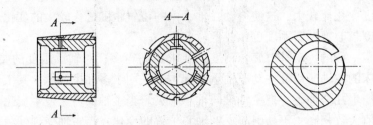

图 4-5　用于车床主轴的固定式多油楔

②活动式多油楔。

这种轴承的共同特点是:各个轴瓦背面由球面螺钉支承或与箱体孔直接接触,轴瓦可绕这些支承在主轴旋转平面摆动进行调整,如图 4-6 所示。

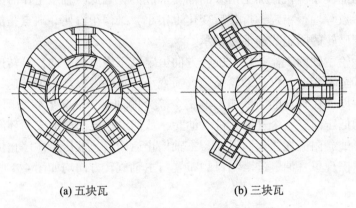

(a) 五块瓦　　　　　　　　　　(b) 三块瓦

图 4-6　活动式多油楔轴承的结构型式

主轴旋转时,轴瓦绕支承摆动,形成外载荷平衡的油膜压力,且油膜压力通过支承点。这类轴承,由于调位的支承不在轴瓦的中间,只能向一侧摆动形成单向油楔。因而仅适用于单向运转的机床主轴,如磨床主轴。

4.1.3.3　液体静压轴承

液体动压轴承必须在一定的转速下才能形成压力油膜,而速度较低时就得不到足够的油膜压强,使得金属面直接接触,引起磨损。而液体静压轴承解决了这一问题。

1. 液体静压轴承的特点

液体静压轴承是利用液压系统强制地把压力油送入轴承的间隙中,利用液体的静压力支承载荷的一种轴承。这种载荷常处在纯液体摩擦状态工作,具有下列特点:

(1)与动压轴承不同,静压轴承的承载能力取决于轴的结构尺寸和液压系统的供油压力,而与轴的转速等几乎无关,即使轴在低速或静止状态下,静压轴承也具有很大的承载力。

(2)轴承的油膜刚度高,通常比轴本身的刚度高好几倍。

(3)由于轴被一层压力油膜所包围,故其抗振性(即动刚度)比滚动轴承好得多。

（4）压力油膜弥补轴承本身的加工误差，油膜附着在轴上，轴与轴承的表面凹陷下去的地方均被油膜所填平。因此，有效地减少了由于轴与轴承因几何误差和表面粗糙度引起的径向和轴向跳动，提高了主轴的回转精度。因此静压轴承又适用于精度要求较高的机床主轴。

（5）静压轴承的静摩擦系数极小（小于0.001）。因此轴承基本无磨损，寿命长，一般不需要经常维修。

由于静压轴承具有许多优点，其应用日益广泛。在机床上常用它作主轴的支承，以提高机床的加工精度、承载能力及切削效率，扩大机床的转速范围，延长机床的使用寿命。静压轴承的缺点在于需要一套供油设备如油箱、液压泵、溢流阀等，恒压供油需要节油器，恒流供油需要多头泵，比动压轴承要复杂得多。节流器如果堵塞，将发生事故。因此，动压和静压轴承根据各自的特点，各有其适用范围。例如普通精度的外圆和平面磨床，砂轮主轴基本不变，开停也不频繁，就以采用动压轴承为宜，取其结构简单。丝杠车床和重型卧式车床。或因主轴转速低，或因变速范围大，并经常开停，就以采用静压轴承为好。高精度外圆磨床，导轨磨床以及高精度车床等，也以采用静压轴承为佳。这是因为其对轴颈误差的均化作用可以提高加工精度的缘故。

2. 液体静压轴承的工作原理

液体静压轴承的工作原理如图4-7所示。在轴承内圆柱面上等间隔地开若干个油腔，各油腔之间有回油槽，油腔与回油槽之间以及油腔的两端为封油面。液压泵供给的一定压强 P 的压力油进入各油腔后，油的压力将轴颈推向轴承中央。油经封油面，油压降低到零，一部分从回油槽回油箱（径向回油），另一部分则由两端回油箱（轴向回油）。这样，无论轴颈是否转动，在轴颈与轴承之间的间隙，全部由压力油充满，使两摩擦面不接触，形成纯液体摩擦，见图4-7(a)。

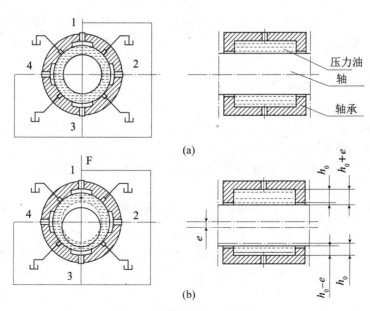

图 4-7　液体静压轴承工作原理

当轴上不受载荷时，如忽略轴的自重，则各油腔底油压相同，保持平衡，轴在轴承的正中央。这时，各油腔封油面与轴颈间的间隙为 h_0。如轴上受径向载荷 F（包括轴的自重），轴颈将产生偏心量 e，这时，轴颈与轴承间的油腔在 3 处的间隙减小为 h_0-e，而在 1 处的间隙增大到 h_0+e。间隙减小处，压力增大；间隙增大处，压力减小；静压轴承就是利用这种压差的变化来平衡外载荷。见图 4-7（b）。

按供油方式的不同，静压轴承可分为恒压供油与恒流量供油两大类。恒压供油时。各油腔用同一个油泵供油，此时，每一油腔必须有一个节流器；否则，各油腔油压相同，互相抵消，就不能平衡外载荷了。恒流量供油时，使用多头泵供油，一腔一泵，各油腔的流量相同而油压不同，压差的变化即可平衡外载荷。

3. 液体静压轴承的分类

液体静压轴承按供油方式的不同，可分为恒流量供油和恒压供油两类。按轴承承受载荷的方向不同，可分为径向轴承、推力轴承和径向推力轴承三种。按油腔形式的不同，可分为对称等面积油腔和不等面积油腔两种。按油腔形状的不同，可区分为矩形油腔、环形油腔、和油槽形油腔。按润滑油的回油方式，可分为有周向回油槽和无周向回油槽两种。有周向回油槽的静压轴承，在油腔之间有回油槽，油腔内的压力油经过主轴与轴承间隔，从轴向和周向封油面流出，这种结构广泛应用于各种机床。无周向回油槽的静压轴承，油腔之间没有回油槽，由于受载后各油腔的油液互相流动，产生内流现象，所以相对于有周向回油槽的静压而言，轴承的油膜刚度较小。因此，在实际工作中很少使用。

4. 静压轴承的应用

静压轴承按照其结构和用途分为：径向轴承、推力轴承和径向推力轴承。应用静压轴承的主轴组件，通常采用有一定跨距的两个径向轴承及对置的两个平面推力轴承，两个径向轴承可按受力情况设计成不同的直径。实际设计中，也常常将静压轴承与滚动轴承组合使用，以满足工作要求。

轴承间隙的选取应综合考虑主轴的受力变形和位移、主轴和轴承的加工精度等因素，既要保证主轴和轴承不发生接触，又不过于加大两者之间的间隙，以减少压力油的流量，提高油膜刚度。

4.1.3.4 其他类型轴承简介

1. 滑动轴承

滑动轴承属于非流体摩擦轴承。这种轴承在硬底基金属上增加一软金属或合金的薄层，也可选用吸油性能好的材料做成轴套，与轴直接发生摩擦。滑动轴承适用于轻载及中等载荷、中等速度的条件下，如在普通机床的进给箱、挂轮架等部件中，就可使用这种轴承。

含油轴承是较为典型的一种滑动轴承，它用金属陶瓷做轴承材料。这种材料内部呈多孔海绵状，经在热油中浸渍后，用互相贯通的毛细管作用，把润滑油贮存在轴承内部。当轴运转时，润滑油将自动分泌出来进行润滑；轴承停止运转后，油又被毛细管吸回轴承内部。在工作地要求清洁、不漏油和长期不加照顾且负荷较低的场合，使用含油轴承尤为合适。

常用的含油轴承材料有铁石墨和青铜石墨两种。铁石墨轴承成本低，强度高，磨损小，能承受较大的载荷，但其抗粘着性能及耐腐蚀性能则不如青铜石墨轴承。含油轴承的结构有单环和双环两种，单环轴承用于使用轴套的场合，双环轴承则用于代替滚动轴承的场合。

　　滑动轴承的轴套或轴承内圈与轴颈直接摩擦，因而其润滑尤为重要。在轴套或轴承内圈与轴颈之间必然存有间隙，如何利用间隙充分润滑，一直是人们考虑和研究的问题。也正是由此而发展出目前广泛使用的动压轴承和静压轴承。

　　2. 空气静压轴承

　　空气静压轴承的原理与液体静压轴承类似，只是流体介质为压缩空气。在轴承与轴之间的间隙内充满压力空气，形成了一层压力气膜，使两摩擦面不直接接触。而空气的黏度比液体小得多，所以其消耗的功率也很小。

　　空气静压轴承的抗振性好，旋转精度高，允许转速极高（转速甚至能够达到100000r/min以上），可用于高速小功率的气动砂轮轴。

　　但空气静压轴承本身的气膜刚度较差，因而承载能力不高。同时，空气静压轴承对于气源、制造精度和工作环境都有相当高的要求。受这些条件的限制，它尚未广泛应用于各类机床，一般只用在仪表机床和高速轻载的气动磨头上，以磨削精度和粗糙度要求都很高的小孔。

　　3. 自调磁浮轴承

　　自调磁浮轴承的工作原理是把一个旋转着的物体（如轴）悬浮在一个磁场中，通过电子系统调节磁场，使该物体始终保持在理想的位置上。

　　自调磁浮轴承由转子、定子和电子控制装置组成。转子由铁磁材料制成，定子由强力电磁铁和若干位置传感器组成。转子由磁铁产生的磁力支承，传感器不断地监测转子的轴向和径向位置，并且将信号传给控制装置。控制装置根据信号调节输给电磁铁（定子）的功率，从而使转子得到所需要的精确位置。

　　磁浮轴承工作时没有机械接触，所以没有摩擦和磨损，不用润滑，运转噪声小而转速高，直径为250mm的轴承，转速可达15000r/min。同时，电子控制能做到连续监控，既控制位置，也控制振动和不平衡，甚至对不断变化的刚度和阻尼也能控制，因此，使用这种轴承的主轴组件，工作性能和精度都比较好。

　　但自调磁浮轴承的成本比普通轴承要高得多，因而目前尚未得到广泛使用。但高速化和高精度是机床发展的重要趋势，随着新型机床的发展，人们正对自调磁浮轴承进行着深入的研究。

4.1.4　主轴的结构

4.1.4.1　主轴的结构

　　主轴是机床的关键零件，其结构直接关系着机床的技术性能，因此，合理选择主轴的结构十分重要。但是，由于机床的类型、规格，事业能够要求各不相同，主轴结构的理想方案也就不可能是唯一的。

　　主轴的主要参数指：主轴前轴颈直径，后轴颈直径，主轴内孔径，主轴悬伸量，主轴支承跨距。图4-8为车床主轴主要参数示意图。

　　主轴的结构和形状主要取决于机床的工作要求以及轴上所安装的传动件、轴承等零件的类型、数量、位置和安装方法等。同时，还需考虑主轴的加工以及主轴组件装配的工艺

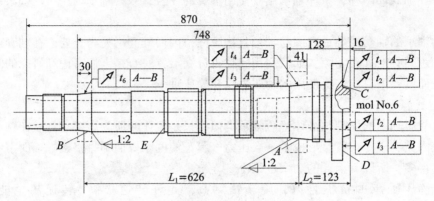

图 4-8　车床主轴主要参数示意图

性。一般来说，为了便于装配，常把主轴做阶梯形。主轴头部的结构，应能保证顶尖、刀具或夹具的准确安装和便于装卸。

　　主轴前支承处的直径，通常根据统计资料确定或参考型谱来选择。因机床主轴前支承受力比后支承要大，且主轴上装有各种零件，为便于装配，主轴直径常常从前向后逐段减小，做成阶梯形，同时应尽量缩短其端部的悬伸量，使得主轴受力合理。设计时，后轴颈直径通常是前轴颈直径的 0.7～0.85 倍。

　　4.1.4.2　主轴的材料和热处理

　　在几何形状一定时，主轴的刚度取决于材料的弹性模量。而各种钢材的弹性模量几乎没有什么差别，因此，刚度不是选择材料的依据。主轴材料的选择，主要应根据耐磨性和热处理后变形大小来选择。对于重型机床中承受载荷的主轴以及因结构限制而不得不设计得很细的主轴还需考虑强度问题。

　　(1)为了使主轴得到较高的硬度，增加耐磨性，可选用 20Cr 渗碳后淬硬。

　　(2)为了提高主轴的强度和韧性，可选用 45 或 40Cr，进行调质处理。

　　(3)精密机床、数控机床的主轴，要求精度保持性好，应选用热处理后残余应力小的材料。如：40Cr、65Mn 等，仅进行调质后再作局部淬硬处理。

　　(4)高速机床的主轴，要求很高的耐磨性和精度保持性，可选用热处理后能得到极高的硬度和变形最小的材料，如渗碳钢 20CrMnTi 进行渗碳后淬硬。

　　4.1.4.3　提高主轴工作性能的措施

　　1. 提高主轴的静刚度

　　为了提高主轴的静刚度，除合理选择主轴的尺寸和形状之外，还应正确选择合适的主轴轴承，使轴承具有足够的刚度；正确选择主轴支承间的跨距，使主轴组件具有较高的综合刚度；具体设计时，主轴的刚度计算应按照材料力学的有关公式进行。

　　目前，德国、英国、意大利、前苏联和日本等国均制定了有关机床静刚度的标准，但我国尚未制定相关标准。深入研究机床(包括主轴)静刚度问题，并取得可靠的科学依据，制定出科学实用的静刚度标准，对于优化机床设计，提高机床的整机性能，将起到很大的促进作用。

　　2. 提高主轴的运动精度

当主轴以工作转速运转时，主轴轴心不是固定不动，而是在一定的范围之内漂移。这个误差称为运动误差。如果主轴用的是滚动轴承，除适当提高轴承精度之外，还可采取下列措施：

（1）消除轴承间隙并适当预紧，使各滚动体受力均匀。如果存在间隙，则在受力方向上是脱空的，轴心容易漂移。

（2）控制轴颈和轴承座孔的圆度误差，以免装配后扩大轴承滚道的圆度误差。

（3）适当加长外圈的长度，使得外圈与箱体孔的配合可以略松，以免箱体孔的圆度误差影响外圈滚道。

（4）采用双列圆柱滚子轴承，这种轴承可将内圈装在主轴上后再精磨滚道。

（5）内圈与轴颈、外圈与孔的配合不能太紧。

3. 提高主轴的运动刚度。

（1）使主轴组件的固有频率避开激振力的频率，以免发生共振。

（2）提高主轴轴承，特别是前轴承的阻尼。在滚动轴承中，圆锥滚子轴承比球轴承和圆柱滚子轴承的阻尼高一些。还可对轴承适当预紧，以提高其阻尼。

（3）采用三支承结构，提高抗振性。

（4）用消振装置。

机床动刚度的测试方法和测试装置较测试静刚度要复杂得多，目前，国内外都还未达到用于生产现场检测的阶段。要取得可靠的科学依据，研究和制订出科学实用的机床动刚度标准，将是一个重大的科学研究课题。

4.1.5　主轴组件的典型结构

1. 两支承主轴组件的典型结构

（1）中等速度而载荷较大且对刚度要求比较高的主轴组件。

图 4-9 为 C7620 型多刀半自动车床的主轴组件。这种机床属于中型、中等转速、普通级精度、较大载荷的类型。主轴承受的轴向力较大，但转速不高（90 ~ 1000r/min），故用推力轴承来承受轴向力比较合适。推力轴承位于后支承，结构简单，这对于精度要求不太高的机床是合适的。

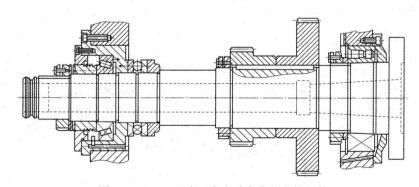

图 4-9　C7620 型多刀半自动车床的主轴组件

前轴承靠前螺母调整内圈在主轴轴颈上的位置，从而调整预紧量；后端的两个轴承靠后螺母调整。卸下后螺母和中螺母，主轴就可以从前方抽出。

图 4-10 为使用空心圆锥滚子轴承(Gamet)轴承的主轴组件。

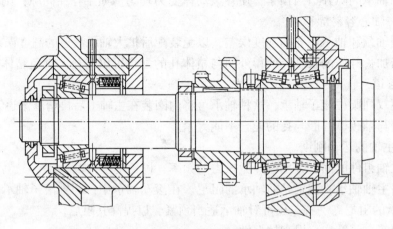

图 4-10　使用空心圆锥滚子轴承的主轴组件

该主轴前支承为 H 型双列空心圆锥滚子轴承，其外圆靠法兰轴向定位，并由端盖 2 压紧。销 1 用外圈定位，使进油孔向上，与进油管对准。后轴承为 P 型单列空心圆锥滚子轴承，靠弹簧预紧。当轴承颈直径不超过 180mm 时，前轴承内圈与轴颈保持 5～15μm 的过盈，外圈与箱体孔间保持 5～20mm 间隙，后轴承内圈与轴颈间保持±5μm 的过盈，外圈与箱体孔间保持 5～20μm 间隙，以便在弹簧的作用下外圈能够轴向移动。

(2)转速较高而载荷较小的主轴组件。

在高速、较小载荷时，使用成对的向心推力球轴承，结构简单，调整方便。

图 4-11 为内圆磨头的主轴组件。主轴 3 前后各采用了两个向心推力球轴承，大口朝外(即左端两个轴承大口都向左，右端两个大口都向右)。两个轴承的内、外圈之间各有一个隔套 1 和 2，修磨它们的厚度，就可以使两个轴承均匀受力。套筒 6 右端有弹簧顶住垫圈 5，以保持一定的预紧力。若主轴运转发热而略有伸长，也能自动消除间隙而使预紧力基本保持恒定。套筒 6 靠销 4 固定在磨头体上。

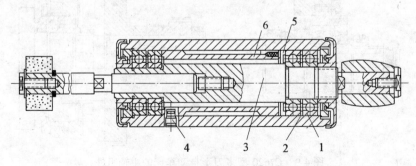

图 4-11　内圆磨头的主轴组件

（3）滚动轴承与动压轴承组合的主轴组件。

由于主轴组件的精度、刚度和抗振性主要取决于前支承的性能，因此，对于某些要求加工表面粗糙度和精度都很高的精密机床的主轴，其前支承可采用抗振性好、旋转精度高的动压轴承，后支承仍采用简单的滚动轴承。

图 4-12 为 MGB1412 型高精度半自动外圆磨床砂轮架。该主轴前支承采用动压轴承，转动前螺母 1 可调节轴承间隙，后支承采用双列圆柱滚子轴承。轴肩右侧与端盘 4 组成液压轴向止推装置，左侧为弹簧止推，3 为止推弹簧。

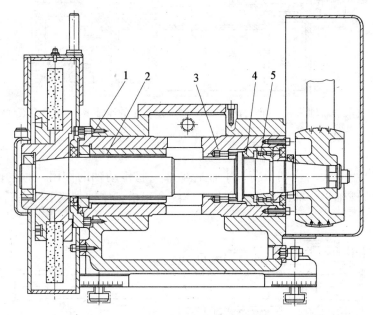

图 4-12　MGB1412 型高精度半自动外圆磨床砂轮架

（4）滚动轴承与静压轴承组合的主轴组件。

图 4-13 为 DLA090 型数控重型卧车的主轴结构。该机床的承载重量达 80t，带车、铣、磨功能。因此，主轴的前后设计了两个恒流供油的径向静压轴承 1 和 3，这两个轴承均为对称布置四油腔结构，具有良好的对中性，可保证主轴在外载荷增大且方向变化时，仍然能保持很高的回转精度；轴向力由两个高精度的推力滚柱轴承 2 和 4 来承受。这样，主轴组件的精度高、刚度好、承载能力大，结构布置合理。

2. 三支承主轴组件的典型结构

采用三支承结构，主要是为了提高主轴组件的刚度（包括静刚度和动刚度）。有些强力高速切削的机床，其跨距又大，则可采用三支承结构。

在三支承结构中，因加工困难，三个主轴支承座孔很难同心，通常，只有两个支承起主要作用，另一个则起辅助作用。其中，前支承肯定是主要支承，第三个起辅助作用的支承，可以是后支承或中间支承。主支承应消除间隙或预紧，辅助支承则需保留间隙，可选用较大游隙的轴承；否则，会发生干涉。

图 4-14 是 CK6150 型数控车床的主轴部件，前、中支承各采用一对高精度的圆锥滚子

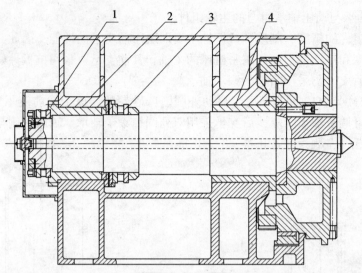

1—前支承静压轴承 2—推力滚柱轴承 3—前支承静压轴承 4—推力滚柱轴承

图 4-13　滚动轴承与静压轴承组合的主轴结构

轴承定心止推，承受大的切削负荷。主轴后半部只起传动轴的作用，对主轴刚度影响不大，就采用深沟球轴承作辅助支承，它与箱体配合很松，主轴受热后可向后伸长。

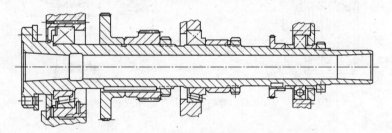

图 4-14　CK6150 型数控车床的主轴组件

图 4-15 是 CA6140 型车床的主轴组件，该主轴前、后为双列短圆柱滚子轴承，中间为径向游隙很大的单列圆柱轴承。以前、后支承为主要支承，中间为辅助支承，加大了支承跨距，整个结构稳定可靠。

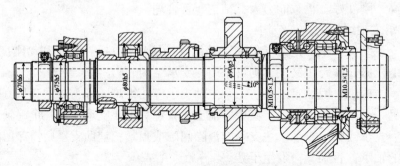

图 4-15　CA6140 型车床的主轴组件

4.2　机床导轨

4.2.1　导轨的功用及其应满足的要求

4.2.1.1　导轨的功用及分类

机床导轨的功用是导向与支承，就是使机床的运动部件能够沿着一定的轨迹运动，同时，承受运动部件及工件的重量和切削力。从机械结构的角度来说，机床的加工精度和使用寿命在很大程度上取决于导轨的质量。

在导轨副中，运动的一方叫动导轨，不动的一方叫支承导轨。动导轨相对于支承导轨的运动，通常有直线运动和回转运动两类。卧车的溜板与尾座沿床身导轨的运动均为直线运动；而立车的花盘在底座导轨上的运动则是回转运动。

机床导轨按其运动性质可分为主运动导轨、进给运动导轨和移置导轨三种。

(1)主运动导轨。动导轨做主运动，如立车的花盘和底座导轨。

(2)进给运动导轨。动导轨做进给运动，如卧车的溜板和床身导轨，立车和龙门铣的溜板与横梁导轨、滑枕与刀架体导轨等。

(3)移置导轨。这种导轨只用于调整机床部件之间的相对位置，在加工时没有相对运动，如：立车的横梁与立柱导轨，卧车的尾座与床身导轨等。

4.2.1.2　导轨应满足的要求

1. 精度

(1)几何精度。

导轨在空载运动和在切削条件下运动时，都应具有足够的精度，否则就不能保证机床的工作质量。

直线运动导轨应具有良好的导向精度，包括导轨分别在垂直平面内和水平平面内的直线度，两导轨面之间的平行度。

回转运动导轨则应具有良好的回转精度，包括花盘的端面跳动和径向跳动。

上述精度的具体要求，可参见各类机床的精度检验标准。

(2)接触精度。

导轨的间隙会引起运动部件的位置误差(移动或偏转)，这也是引起机床振动的原因之一，因此，动导轨(运动部件)应贴紧支承导轨的导向面(定位面)，保持很好的接触精度。应精刨(或精铣、精车)，磨削和刮研导轨面。对接触精度，通常采用着色法进行检查，用接触面所占的百分比或 $25\times25\text{mm}^2$ 面积内的接触点数来衡量。

2. 精度保持性

精度保持性主要是由导轨的耐磨性决定的，它与导轨的摩擦性质、导轨的材料、工艺方法以及受力情况等有关。另外，导轨和基础件上的残余应力，也会使导轨发生蠕变而影响导轨的精度保持性。影响导轨精度保持性的主要因素是磨损，提高耐磨性以保持精度，是提高机床质量的主要内容之一，也是科学研究的一大课题。

3. 运动的平稳性

当动导轨运动时，尤其是做低速运动或微量位移时，应保证导轨运动的平稳性，不出现爬行现象。导轨的运动平稳性与其结构和润滑，动、静摩擦系数的差值，以及传动导轨运动的传动系统的刚度等有关。

4. 结构简单，工艺性好

设计时要注意使导轨的制造和维护方便，刮研量少。镶装导轨应更换容易。导轨的精加工方法有精铣(或精刨)、磨削和刮研等等。

4.2.2 导轨的结构

1. 导轨的截面形状

常用导轨的截面形状有四种，如图 4-16 所示。

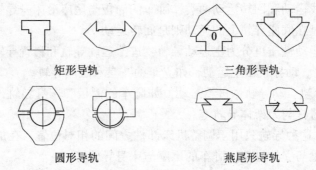

矩形导轨   三角形导轨

圆形导轨   燕尾形导轨

图 4-16 常用导轨的截面形状

矩形导轨的优点是刚度高，承载能力强，加工、检验和维修都比较方便，但是，因其不可避免地存在侧面间隙，故导向性差。适用于载荷较大，导向性要求稍低的机床。

三角形导轨的导向性较好，且顶角 α 越小导向性越好。但顶角 α 减小时导轨面的当量摩擦系数加大，所以，α 一般在 90°~120° 之间。此外，支承导轨为凸三角形时，不易积存较大的切屑，也不易存留润滑油。三角形导轨适用于不易防护，速度较低的进给运动导轨。

燕尾形导轨的高度较小，间隙调整方便，可以承受颠覆力矩；但刚度差，加工、检验和维修都不太方便。燕尾形导轨适用于受力较小而层次多，要求间隙调整方便的场合。

圆形导轨制造方便，不易积存较大的切屑，但磨损后很难调整和补偿间隙，适用于比较特殊的地方。

2. 直线运动导轨的结构

直线运动导轨应能保证运动部件只沿直线方向运动，限制运动部件的转动和横向运动。

当移动件的尺寸不大，且为细长条形时，一般采用一条全封闭式的导轨，其结构有两种：一种是移动件被固定导轨所包容，如卧车的尾座套筒，立车和龙门铣的刀架滑枕等；另一种是固定件被移动导轨所包容，如钻床的立柱导轨等。

当机床移动部件的尺寸较大，作用力或其重心不一定正好通过导轨面时，通常采用两条导轨，如立车的横梁与立柱导轨，卧车的尾座与床身导轨、溜板与床身导轨等。

在重型机床中，移动部件的尺寸都相当大，为了减小移动部件的变形，使其运动平稳，也常常采用多条导轨，如重型镗床、龙门铣、龙门刨和立柱移动式立车等机床的床身导轨。

直线运动导轨的常用组合形式有以下几种。

（1）双三角形导轨（图 4-17（a）、（b））。兼有导向性好、刚度高和制造方便的优点，因而应用最为广泛。

（2）双矩形导轨（图 4-17（c））。承载能力较大，导向性稍差。重型机床的床身和立柱导轨常用这种形式，普通精度的机床也用这种组合。由一条导轨的两侧导向，称为窄式组合；分别由两条导轨的外侧导向，称为宽式组合。窄式组合比宽式组合的导向性好一些，所以应用也多一些。

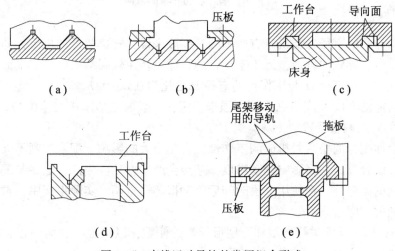

图 4-17　直线运动导轨的常用组合形式

（3）三角形矩形导轨组合（图 4-17（d）、（e））。导向性好，刚度大，制造方便，在实际中广泛应用。

（4）双燕尾形组合。是闭式导轨中接触面最少的一种组合，用一根镶条就可以调节各接触面的间隙，使用较为方便。

（5）矩形和燕尾形组合。兼有调整方便和能承受较大符合的优点，使用也较为广泛。

（6）双圆柱形导轨。一般用于中小型机床，加工中心的机械手、刀库等处也较为常见。

3. 回转运动导轨的结构

回转运动导轨除了承受一定的力和力矩之外，还应保持良好的定心，即：在径向切削力和离心力的作用下，运动部件能保持较高的回转精度。

回转运动导轨常常和主轴联合在一起使用，既能保证很高的回转精度，又能承受较大的径向力和颠覆力矩。因此，设计回转运动导轨时，往往和主轴的结构同时考虑。

回转运动导轨的截面有平面、锥面和 V 形面，如图 4-18 所示。

（1）平面环形导轨。优点是承载能力大，结构简单，制造方便。但只能承受轴向载荷，因而必须与主轴联合使用，由主轴来承受径向载荷。它适用于由主轴定心的各种回转运动导轨的机床，是目前使用最多的一种导轨形式。

（2）锥面环形导轨。其母线倾角一般为30°或更小，可以承受一定的径向载荷，一般用于直径小于3m的立式车床。

（3）V形面环形导轨。可以承受较大的径向载荷和一定的颠覆力矩，但工艺性较差，与主轴联合使用时，既要保证导轨面的接触，又要同时保证导轨面与主轴的同心是很难做到的。

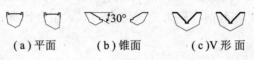

（a）平面　　　（b）锥面　　　（c）V形面

图4-18　回转运动导轨的截面

回转运动导轨的直径各类机床有所不同，一般来说，转速较低的机床，如齿轮加工机床等的圆工作台，导轨的直径接近于工作台的直径；转速较高的机床，如平面磨床等的圆工作台，导轨的平均直径 D' 与工作台的直径 D 之比为 $0.6 \sim 0.7$。

环形导轨面的宽度 B 应根据许用压强来确定，一般取 $B/D' = 0.11 \sim 0.17$。

4. 导轨的间隙调整装置

导轨结合面配合的松紧对机床的工作性能有相当大的影响。配合过紧不仅操作费力还会加快磨损；配合过松则将影响运动精度，甚至会产生振动。因此，除在装配过程中应仔细地调整导轨的间隙外，在使用一段时间后因磨损还需重调。实际生产中，常用镶条和压板来调整导轨的间隙。

（1）镶条。用来调整举行导轨和燕尾形导轨的侧隙，以保证导轨面的正常接触。镶条应放在导轨受力较小的一侧。常用的有平镶条和斜镶条两种。

①平镶条。在其长度方向是等厚的，截面形状为矩形、平行四边形或梯形，通过横向位移调整间隙，如图4-19所示。图（a）、（b）是靠沿长度方向均布的几个螺钉调整间隙；图（c）中靠调整螺钉1移动镶条2的位置来调整间隙。间隙调好后，再用螺钉3将镶条2紧固。但这两种结构中，镶条均较薄。而且只在与螺钉接触的几个点受力，容易变形，刚度较低。

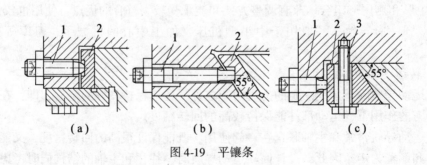

（a）　　　　　　　（b）　　　　　　　（c）

图4-19　平镶条

②斜镶条。图4-20是常用的斜镶条，镶条的两个面分别与运动导轨和支承导轨均匀接触，所以比平镶条刚度高，但加工稍困难。镶条沿长度方向的斜度为 1∶100 ~ 1∶40，

镶条越长斜度应越小，以免两端厚度相差太大。

图(a)中所示的调整方法是用调节螺钉 1 带动镶条 1 做纵向移动以调节间隙。镶条上的沟槽在刮配好后加工。这种方法构造简单，但螺钉头凸肩和镶条上的沟槽之间的间隙会引起镶条在运动中的窜动。图(b)中增加了锁紧螺母 3，避免了镶条 1 的窜动，性能较好。图(c)通过螺母 3 和 4 以调节间隙，用螺母 5 锁紧，工作可靠，但结构相对复杂。图(d)是通过分别位于镶条 1 两端的螺钉 2、3 调节间隙，能防止镶条的窜动，适用于镶条较短的场合。

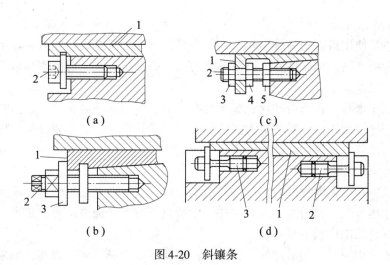

图 4-20 斜镶条

镶条在下料时应取得长一些，配刮好后再把多余部分截去；也可略厚一些，留一定的调整余量。

(2)压板。用于调整间隙并可承受颠覆力矩，如图 4-21 所示。

图(a)中 m 和 n 分别为压板的结合面和导向面，中间用空刀槽隔开，用修磨或刮研压板 m 和 n 面来调整间隙。如间隙太大，则磨、刮压板 1 与床鞍(或溜板)的结合面 m；太小则磨、刮压板 1 与床身的下导轨的结合面 n。这种方式构造简单，但调整麻烦。

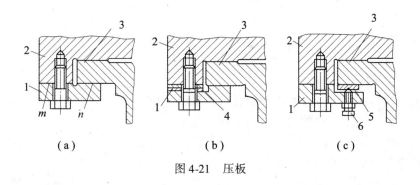

图 4-21 压板

图(b)使用改变压板与床鞍(或溜板)结合面间的垫片 4 的厚度的办法调整间隙。垫片

4 是由许多薄铜片叠在一起,一侧用锡焊,调整时根据需要进行增减。这种方法比刮、磨压板方便,但调整量受垫片厚度的限制,而且降低了结合面的接触刚度。

图(c)是在压板与导轨之间用平镶条 5 调节间隙,这种方法调节很方便,只要拧动调节螺钉 6 就可以了。但是镶条的一侧只与几个调节螺钉 6 接触,因此刚度比以前两种差,多用于经常调节间隙和受力不大的场合,如中、小型车床床身的后压板等。

4.2.3 导轨的类型

4.2.3.1 滑动导轨

1. 滑动导轨的特点

滑动导轨是使用最多的一种导轨,其特点是导轨面直接接触。这种导轨结构简单,制造方便,接触刚度高,抗振性好,但摩擦阻力大,磨损快,动、静摩擦系数差别较大,低速易产生爬行现象。

从摩擦性质来看,普通滑动导轨属于具有一定动压效应的摩擦状态。但它的动压效应还远不足以把导轨面隔开。对于绝大多数的普通滑动导轨来说,希望提高动压效应,以改善导轨的工作条件。导轨的动压效应主要与导轨的滑动速度、润滑油黏度、导轨面的油沟尺寸和型式有关。

当动导轨的移动速度很低时,几乎不产生动压效应。随着动导轨移动速度的增加,它的动压效应才逐步明显和增加。因此,在一般情况下对于普通滑动导轨来说,动导轨移动速度越高,对它的工作状态越有利。

当其他条件相同时,润滑油的黏度越高,则动压效应越显著,因此,如果希望提高动压效应,宜选用黏度较高的液压油;如果希望降低动压效应,可选用黏度较低的液压油。

是否容易形成动压效应,与在导轨面贮存润滑油的多少有关。若易于存油则动压效应较强,若不易存油则动压效应较弱。当导轨的接触面积相同时,导轨宽度 B 与长度 L 之比 B/L 值越小,越容易产生润滑油的侧流,不容易存住润滑油;相反,B/L 值越大,则越易存油。因此在导轨(一般为动导轨)面上开横向油槽,相当于增大 B/L 值而提高动压效应。若开纵向油槽则相当于降低 B/L 值,从而降低动压效应。普通滑动导轨的横向油槽数 K,可按 L/B 值进行选择:

$$L/B = 10, \quad K = 1 \sim 4;$$
$$L/B = 20, \quad K = 2 \sim 6;$$
$$L/B = 30, \quad K = 4 \sim 10;$$
$$L/B = 40, \quad K = 8 \sim 13。$$

2. 滑动导轨的材料

因为滑动导轨的主要特征是导轨面直接接触,所以,导轨副的材料对导轨工作性能的影响相当大,对导轨副材料的研究也是一项很重要的课题。

(1)滑动导轨对材料的要求。

用于机床滑动导轨的材料,应具有以下特性:

①良好的耐磨性。不仅应具有较小的静摩擦系数和较小的动摩擦系数,使机床的运动部件在低速移动时受速度的影响小,不产生爬行现象,而且,动、静摩擦系数也应比较小。

②内应力小。尤其是铸件和焊接件，导轨在加工和使用中，其残余内应力产生的变形必须小。

③受温度和湿度变化的影响小。当工作环境(如季节变化)的温度和湿度以及导轨自身的温度发生变化时，导轨应保证尺寸稳定，强度不变。

(2)导轨副材料的匹配。

为了提高耐磨性，导轨副应尽量采用不同的材料。如果采用了相同的材料，也应采用不同的热处理方法，使动导轨和支承导轨具有不同的硬度。

在直线运动导轨副中，较长的导轨(通常是支承导轨)，采用耐磨性比较好的材料、硬度比较高的材料。因为长导轨在使用中，磨损往往不均匀，这种不均匀磨损对加工精度影响较大，且不易调整，得不到补偿，所以其耐磨性和硬度应该高一些。短导轨(通常是动导轨)的磨损比较均匀，即使磨损较大，对加工精度的影响也不会太大；且使用中，其本身的加工误差由于耐磨性较低而易于消除；同时，短而软的导轨容易刮研，制造和修理时工作量也比较小。

在回转运动导轨副中，应将较软的材料用于动导轨。因为花盘或圆工作台的形状比较规则，其导轨磨损后，便于在机床上加工，可减少修理时的工作量。

(3)常用导轨材料

①铸铁。它是一种成本低，有良好的耐磨性和减振性，易于制造加工的材料。灰铸铁、耐磨铸铁、孕育铸铁等，均可作导轨。将铸铁淬火后，可提高其硬度，增加导轨的耐磨性。铸铁—铸铁的导轨副适用于：需要手工刮研的导轨；对于加工精度保持性要求不高的次要导轨；不太经常工作的导轨，如移置导轨等。常用导轨材料的匹配及其相对寿命见表 4-1。

表 4-1　　　　　　　　　　　**常用导轨材料的匹配及其相对寿命**

序　号	导轨材料及热处理方法	相对寿命
1	铸铁/铸铁(均为普通铸铁)	1
2	铸铁/淬火铸铁	2~3
3	铸铁/淬火钢	>2
4	淬火铸铁/淬火铸铁	4~5
5	铸铁/铸铁镀铬	3~4

②钢。采用淬火钢和氮化钢的镶钢导轨，可大幅度地提高导轨的耐磨性。铸铁-淬火钢导轨摩擦副具有较强的防止撕裂、抗磨损的能力，与铸铁-铸铁导轨副相比，耐磨性可提高 5 倍以上。

③有色金属。用于镶装导轨的有色金属板材料，主要有：锡青铜 ZQSn6-6-3、铝青铜 ZQAl1-9-2 以及锌合金 ZZnAl10-5 等。它们多用于重型机床的动导轨上，与铸铁的支承导轨相配，用以防止撕伤，保证运动的平稳性和提高移动速度。

④塑料。传统的铸铁-铸铁滑动导轨，除简易型数控机床外，在数控机床上已用得很少了。取而代之的是铸铁-塑料或镶钢-塑料动导轨。

塑料导轨常用在导轨副的运动导轨上，与之相配的金属导轨有铸铁或钢质两种。铸铁材料常用 HT300，表面淬火硬度至 HRC45-50，表面粗糙度磨削至 Ra0.8~1.6。镶钢导轨常用 55 号钢或其他合金钢，淬硬至 HRC58-63。

导轨塑料常用的有聚四氟乙烯导轨软带和环氧型耐磨导轨涂层两种。

4.2.3.2　滚动导轨

1. 滚动导轨的优点

滚动导轨的最大优点是摩擦系数小，动、静摩擦系数很接近，因此，运动轻便灵活，运动所需功率小，摩擦发热少，磨损小，精度保持性好，低速运动平稳性好，移动精度和定位精度都较高。滚动导轨还具有润滑简单(有时可用脂润滑)的特点。

但是，滚动导轨结构比较复杂，制造比较困难，成本也比较高，而抗振性比较差。另外，滚动导轨对异物比较敏感，因此，必须有良好的防护装置。

滚动导轨广泛应用于各种类型的机床，每一种机床都利用了它的某些特点。坐标镗床、仿形机床、外圆磨床砂轮架和数控机床使用滚动导轨，主要是为了实现低速或精密位移；工具磨床的工作台纵向移动采用滚动导轨，是为了手摇轻便；平面磨床工作台采用滚动导轨，是为了提高加工精度；立式车床工作台采用滚动导轨，是为了提高速度；等等。

2. 滚动导轨的材料与类型

滚动导轨的导轨材料最常用的是淬硬钢导轨。淬硬钢具有承载能力大，耐磨性好的优点，但制造困难，成本高。一般用于静载荷高，动载荷和冲击力大，需要预紧和防护比较困难的场合。各种钢材的使用与镶钢导轨基本相同。滚动导轨的类型有以下两种：

(1)滚动导轨块。

这是一种滚动体做循环运动的滚动导轨。移动部件运动时，滚动体沿封闭轨道做循环运动。滚动体为滚珠或滚柱。

数控机床上通常采用的是滚柱式滚动导轨块，如图 4-22 所示。它多用于中等负荷导轨。滚动导轨块由专业厂生产，有各种规格和型式供用户选用。使用时，导轨块的数目取决于导轨的长度和负载的大小。在图 4-23 中，5 即为滚动导轨块。右导轨 6 两侧起导向作用，侧向间隙由侧面带有滚动导轨块的楔铁 3 调整。为承受颠覆力矩，两矩形镶钢导轨下方均有压板 2，并用装有滚动导轨块的楔铁 1 调整间隙。调整楔铁可使导轨块和方导轨间产预加负载，以保证导轨副具有足够的刚性。

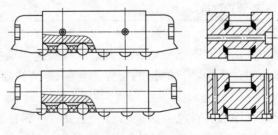

图 4-22　滚动导轨块

我国许多厂家生产的各类数控机床和加工中心以及德国、美国、意大利等国机床生产

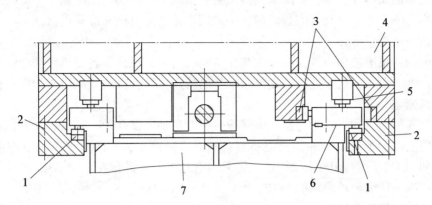

1—楔铁　2—压板　3—楔铁　4—立柱　5—滚动导轨块　6—导向基准导轨　7—床身

图 4-23　滚动导轨块的应用

企业的很多产品，都采用了镶钢导轨与滚动导轨块相结合的导轨结构。

（2）直线滚动导轨。

直线滚动导轨是近年来新出现的一种滚动导轨，其突出的优点为无间隙，并且能够施加加预紧力。这种导轨的外形和结构见图 4-24。

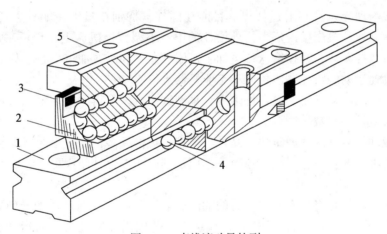

图 4-24　直线滚动导轨副

直线滚动导轨主要由导轨体 1、滑块 5、滚珠 4、端盖 2、密封垫 3 等组成。它由专业生产厂成组装成，故又称单元式直线滚动导轨。使用时，导轨体固定在不运动部件上，滑块固定在运动部件上。当滑块沿导轨体移动时，滚珠在导轨体和滑块之间的圆弧直槽内滚动，并通过端盖内的滚道，从工作负荷区到非工作负荷区，然后再滚动回工作负荷区，不断循环，从而将导轨体和滑块之间的移动变成滚珠的滚动。为防止灰尘和脏物进入导轨滚道，滑块两端及下部均装有塑料密封垫。滑块上还有润滑油注油杯。

直线滚动导轨除有一般滚动导轨的共性优点外，还有以下特点：

①具有自调能力。

对安装基面无特殊要求，安装基面只需铣、刨加工，不必磨削精加工，即可满足安装要求。这样，不仅省工，而且安装方便，生产周期短，又有可靠的质量保证。

②制造精度高。

导轨体的四条滚道和两侧面在一次装夹下同时磨削，保证了各滚道和侧面相互之间有极高的平行度。而且，由于这种滚动导轨本身的特点，可大幅度提高机床的定位精度。

③可高速运行。

聚四氟乙烯导轨软带和耐磨涂层塑料导轨一般移动速度在 15mm/min 以下，而这种导轨的运行速度可大于 60m/min 甚至更高。且润滑方法简单，一般情况下只要在端部润滑油杯内定期(相当于运行 100km 时)注入锂系列皂基 2 号润滑脂或 ISOVG32-68 透平润滑油即可，而耗油量仅为滑动导轨的 1/17。

④能长时间保持高精度。

据日本 THK 公司耐久性试验报告介绍，在较差的工作条件下，以 15m/min 的速度连续往复运行 1200km 后，钢球的磨损量仅为 0.001 ~ 0.002mm，滚动阻力略有下降，变化值为 7%。实际使用中，一批经过用这种导轨改造的机床，每天两班工作，到目前已使用了十几年，仍能达到原设计精度。

⑤可预加负载提高刚度。

在装配导轨时适当选用不同直径的钢球，使导轨滚道间成过盈配合，以提高直线滚动导轨的刚度。

由于直线滚动导轨具有上述特点，目前在国外，特别在日本，如日立精机、三井精机、山崎等著名数控机床生产厂中，新设计的中、小型数控机床上均广泛采用这种导轨。机床的品种有数控车床、数控磨床、电加工机床、立式和卧式加工中心，甚至较大型的数控龙门铣、高速运动的数控冲压机床和工业机器人等。

在国内，直线滚动导轨也已在许多中、小型数控机床上得到了使用，尤其是在电加工机床和冲压机上较多地被采用。

现在，滚动导轨副的发展很快，品种、类型、规格繁多，专业生产厂也越来越多。今后，会形成这种状况：在若干基本参数下选用定制，使得设计使用更为方便。

4.2.3.3 液体静压导轨

液体静压导轨就是将具有一定压力的油液，输送到两个相对运动的导轨副之间(导轨面上有油腔)，将运动件浮起。这样，在预定载荷范围内和在任何相对运动速度下(包括相对运动速度为零时)，相互接触的导轨面上都被一层压力油膜隔开，始终保持纯液体摩擦。

1. 液体静压导轨的特点和种类

液体静压导轨具有下列特点：

(1)摩擦系数小，(约为 0.0005)由于摩擦消耗的功率小，所以机械效率高，而且低速时不会产生爬行。

(2)使用寿命长，导轨面相互不接触，不会磨损，能长期保持导轨精度。

(3)油膜具有平均误差的作用，能减少制造误差的影响，因而运动精度高，定位精度和重复精度也高。

(4)油膜具有较好的吸震能力，所以抗震性好。

（5）虽然需要一套可靠的专用供油装置，初期投资费较多，但因使用寿命长，总成本并不高。

液体静压导轨按供油方式和导轨结构两个方面分类，可分为恒流量供油和恒压供油两类。

2. 液体静压导轨的工作原理

首先，我们从导轨的结构上来分析静压导轨的工作原理：

（1）开式静压导轨的工作原理。

所谓开式静压导轨是指导轨只设置在床身的一边，在导轨的工作面上开有若干个油腔，不能限制工作台从床身上分离的静压导轨（如图 4-25 所示）。静压系统启动后，油泵的压力进入导轨的各个油腔（此时，油腔内的压强为 P_o），油腔内的油压把工作台浮起，在两工作导轨面之间形成油膜，厚度为 h_o。当工作台受到垂直导轨面的正方向外载荷 F 的作用时，工作台向下产生一个位移，油膜厚度由 h_o 变为 $h_1(h_1 < h_o)$，间隙变小，油腔回油阻力增大，油腔中的压强也相应增大，变为 $P_1(P_1 > P_o)$，把工作台向上顶，以平衡外载荷，使得导轨始终处于纯液体摩擦的工作状态。

（2）闭式静压导轨的工作原理。

所谓闭式静压导轨是指导轨设置在床身的几个方向，并在导轨的各个工作面上均开有若干个油腔，能够限制工作台从床身上分离的静压导轨（如图 4-26 所示）。由于闭式静压导轨中的各个支撑单元成对布置，如图中的 A 导轨面和 B 导轨面。当工作台受到外载荷作用时，各导轨工作面之间的油膜厚度同时发生变化，当一个油腔（图中的 B 油腔）的油膜厚度增大时，另一个与之相对油腔（A 油腔）的油膜厚度就减小，此时，油膜厚度增大的油腔压力减小，油膜厚度减小的油腔压力增大，这样，成对设置的两个油腔形成压力差，从而产生合成的承载力，平衡外载荷，使得导轨的工作面之间始终处于纯液体摩擦工作状态。因为闭式静压导轨在各个方向都开有油槽，所以它具有承受各个方向的垂直载荷和各种颠覆力矩的能力。

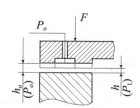

图 4-25　开式静压导轨工作原理示意图

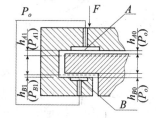

图 4-26　闭式静压导轨工作原理示意图

3. 静压导轨的应用

（1）开式静压导轨特点。

①承受正方向垂直载荷的性能较好，承受偏载引起的颠覆力矩的性能较差；

②结构简单，加工和调整比较方便；

开式静压导轨一般用于偏载较小，载荷较均匀的机床和机械设备。

（2）闭式静压导轨特点。

①承受正、反方向垂直载荷及偏载引起的颠覆力矩的性能好；

②运动精度高，动态性能好；

③结构较复杂，加工和调整比较麻烦；

闭式静压导轨一般用于偏载较大，载荷不均匀的机床和机械设备；也用于精密机床，或精度要求比较高的机床部件。

4.3 传动装置

传动装置是机床整体结构中的重要组成部分，齿轮传动、带传动、丝杠螺母传动等都是重要的传动形式，主传动系统和进给系统都包含有各种传动装置。本节介绍几种具有高传动效率和精度的传动装置。

4.3.1 滚珠丝杠副

滚珠丝杠副是在丝杠和螺母之间以滚珠为滚动体的螺旋传动元件。其结构如图 4-27 所示。它由丝杆 4、螺母 5、滚珠 6、密封环 1 和滚珠循环返回装置 2、3（俗称回珠器）等组成。

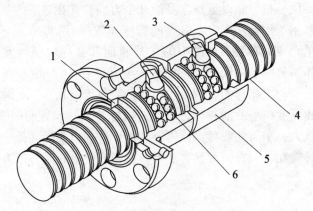

图 4-27 滚珠丝杠螺母副的结构

当丝杠和螺母做相对运动时，滚珠沿着丝杆螺旋滚道面滚动，滚动数圈后离开丝杆滚道面，通过循环返回装置返回其入口处继续参加工作，如此往复循环滚动。

滚珠丝杠副有多种结构形式，下面分别作一些介绍。

按滚珠循环方式分，可分为外循环和内循环两大类。外循环的回珠器有螺旋槽式和插管式两种，目前国内外生产厂用插管式的较多；内循环的回珠器有腰形槽嵌块式反向器和圆柱凸键式反向器两种，目前国内外生产厂用腰形槽嵌块式的较多。图 4-28 为外循环插管式的滚珠循环示意图，图 4-29 为内循环的腰形反向回珠器滚珠循环示意图。

按预加负载形式分，可分为单螺母预紧、单螺母变位导程预紧、单螺母加大钢球径向预紧、双螺母垫片预紧、双螺母齿差预紧、双螺母螺纹预紧 6 种。一般数控机床上常用双螺母垫片式预紧。图 4-30 为几种预加负载方式的示意图。

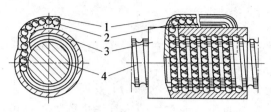

1—插管式回珠器　2—滚珠
3—外循环螺母　4—丝杠
图 4-28　外循环插管式回珠器

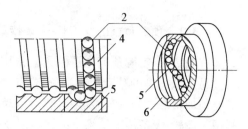

1—滚珠　2—丝杠
3—内循环螺母　4—腰形槽反向回珠器
图 4-29　内循环腰形反向回珠器

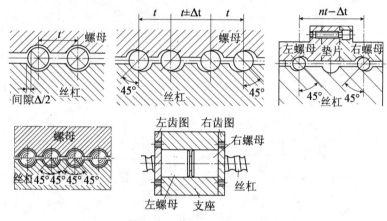

图 4-30　滚珠丝杠预紧方式

滚珠丝杠副一般由专业厂生产并成套供货,且都附有使用说明书,其中除列有型号、规格、螺母安装面的结构等外,一般还附有允许负载、预加负载、刚度、典型支承方法、驱动力矩和功率等指导性材料供设计时参考。

滚珠丝杠副与滑动丝杠螺母副比较有很多优点:

(1)传动效率高。滚珠丝杠副的机械效率可达 90% 以上,比普通滑动丝杠副高 2~4 倍左右,其驱动转矩较滑动丝杠则可减少 2/3~3/4。

(2)灵敏度高,传动平稳。由于是滚动摩擦,其动、静摩擦系数相差极小,因此,无论静止时、还是在低、高速传动时,摩擦转矩几乎不变。

(3)磨损小、寿命长。滚珠丝杠副的主要零件采用优质合金钢制成,其滚道表面淬火硬度至 HRC60-62,并有较低的表面粗糙度,再加上滚动摩擦的磨损很少,因而具有良好的耐磨性,且可高速运行。

(4)可消除轴向间隙,提高轴向刚度。可用多种消除间隙的预加负载方法,使反向时无空行程;此外,安装时若给滚珠丝杠预加拉伸负载,可提高丝杠的系统刚度和减少滚珠丝杠的热伸长,因而定位精度高。

目前,滚珠丝杠副广泛应用于各类中、小型数控机床的进给传动系统。在重型数控机床的短行程(5m 以下)进给传动系统中也常被采用。

4.3.2 预加负载的双齿轮-齿条传动

一般的齿轮-齿条机构是机床上常用的直线运动机构之一，它效率高，结构简单，从动件易于获得高的移动速度和长行程，但位移精度和运动平稳性较差。

预加负载的双齿轮-齿条无间隙传动机构是在齿轮-齿条机构的基础上发展起来的，它利用了齿轮-齿条传动结构上的优点，除提高齿条本身精度或采用精度补偿措施外，还可消除反向死区，其结构和工作原理如图4-31所示：

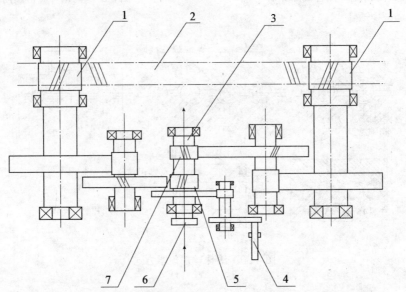

1—双齿轮 2—齿条 3—调整轴 4—进给电机轴 5—右旋齿轮 6—加载机构 7—左旋齿轮

图4-31 双齿轮-齿条无间隙传动机构

进给电机经两对减速齿轮将动力传至轴3，轴3上有两个螺旋方向相反的斜齿轮5和7，再将动力分别经两级减速传至与床身齿条2相啮合的两个小齿轮1。轴3端部有加载机构6，调整螺母，可使轴3上下移动。由于轴3上两个齿轮的螺旋方向相反，因而两个与床身齿条啮合的小齿轮1产生相反方向的微量转动，以改变传动间隙。当螺母将轴3往上调时，将间隙调小或预紧力加大，反之则将间隙调大或预紧力减小。

现在，双齿轮-齿条传动机构广泛地应用于各类数控机床包括重型数控机床的长行程进给传动系统中，图4-32是某数控重型卧车的纵向进给系统示意图。

图中，齿轮9和10与齿条啮合。动力经过圆锥齿轮1、2和齿轮3、4传递到轴5。调整时，用专用附件转动轴5，使两个小齿轮上下移动，而这两个小齿轮旋向相反，齿轮6和7的旋向也相反，这样，它们的啮合间隙即可得以消除。另外，还可利用调整齿轮使得齿轮7转动而齿轮6不转，以改变齿轮8和9与齿条的啮合位置。

双齿轮结构不仅可以用于直线运动，还能用于回转运动，如在带有分度功能的数控车、铣加工中心的回转工作台上常常采用双齿轮-大齿圈结构消除间隙。传动间隙的调整也可以靠液压系统预加负载，如图4-33所示。

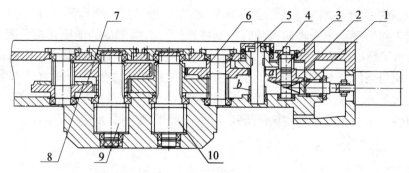

图 4-32　数控重型卧车的纵向进给系统示意图

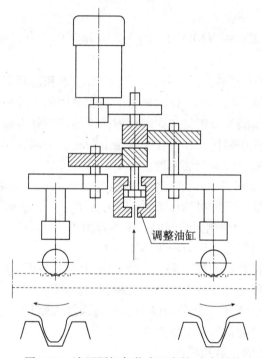

调整油缸

图 4-33　液压预加负载式双齿轮-齿条结构

4.3.3　静压蜗杆-蜗母条传动

1. 工作原理

蜗杆-蜗母条机构是丝杆螺母机构的一种特殊形式。蜗杆可看做长度很短的丝杆，其长径比很小。蜗母条则可看做一个很长的螺母沿轴向剖开后的一部分，其包容角一般在 $90° \sim 120°$ 之间。

液体静压蜗-杆蜗母条机构是在蜗杆-蜗母条的啮合齿面间注入压力油，以形成一定厚度的油膜，使两啮合面间成为液体摩擦，因而具有传动效率高、无间隙、磨损小、刚度高等优点。

图 4-34 为油腔开在蜗母条上的静压蜗杆-蜗母条传动副一个齿的工作简图,我们可以由此分析其工作原理:未受轴向负载时,蜗杆螺纹左右两侧面的油压互相平衡,两侧间隙 h_o 相等,相当于螺纹两侧有相等的预加负载,整个系统处于平衡状态。在向右的轴向负载 F_a 作用下,蜗母条沿负载作用力方向产生微小的位移,故左侧啮合间隙减小为 h_1,右侧啮合间隙增大到 h_2,使左右油腔压力相应改变为 P_{r1} 和 P_{r2},且 $P_{r1} > P_{r2}$,形成压力差 $\Delta P = P_{r1} - P_{r2}$,与轴向负荷 F_a 平衡。当蜗杆转动时,就能带动蜗母条做直线运动。

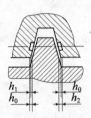

图 4-34 静压蜗杆-蜗母条传动副的工作原理简图

液体静压蜗杆-蜗母条有多种结构形式:与静压轴承和静压导轨一样,按供油方式,可分为恒压供油和恒流量供油两种。恒流量供油一般采用两个油泵或双联泵等恒流供油方式;恒压供油一般用溢流阀加节流器并在蜗杆齿面油的出口处再加一个毛细管。按油腔开设的位置,可分为油腔开在蜗杆上和开在蜗母条上两种。但两者都从静压蜗杆进油。配油方式可分为蜗杆径向配油和轴向配油两种。

图 4-35 为油腔开在蜗母条上,用毛细管节流的恒压力供油静压蜗杆-蜗母条。在每个齿的一侧开一个油腔,从油泵输出的压力油(压力为 P_s),经过蜗杆螺纹内的毛细管节流器 10,分别进入蜗母条齿的两侧面油腔内,压力降为 P_r,然后经过啮合齿面之间的间隙,再进入齿顶与齿根之间的间隙,压力降为零,并流回油池。

油腔也可以开在蜗杆螺纹的侧面上,此时,采用间断分布的多油腔形式。但油腔设在蜗母条上的结构,其承载能力要高于油腔设在蜗杆上。

为提高蜗杆-蜗母条承受轴向载荷的能力,可适当加大蜗杆螺纹的工作高度。蜗杆-蜗母条螺纹部分的啮合高度通常取螺距的 0.7 ~ 1 倍。

2. 静压蜗杆-蜗母条的材料和特点

静压蜗杆-蜗母条采用的材料有:①钢蜗杆配铸铁蜗母条;②钢蜗杆配铸铁基体涂有 SKC_3 耐磨涂层的蜗母条;③铜蜗杆配钢蜗母条或铸铁条。一般采用①、②两种较多,前者加工蜗母条需用精加工机床,较难达到高精度;后者在铸铁基体上涂上 SKC_3 耐磨涂层后可用精密母蜗杆挤压或注塑成形,蜗母条制造工艺简单,且精度较高。

静压蜗杆-蜗母条传动由于既有纯液体摩擦的特点,又有蜗杆-蜗母条机械结构上的特点,因此特别适宜在重型机床的进给传动系统上应用,其优点是:

(1)摩擦阻力小,启动摩擦系数可小至 0.0005,功率消耗少,传动效率高,可达 0.94 ~ 0.98,在低速度下运动也很平稳。

(2)使用寿命长,齿面不直接接触,不易磨损,能长期保持精度。

(3)抗振性能好,油腔内的压力油层有良好的吸振能力。

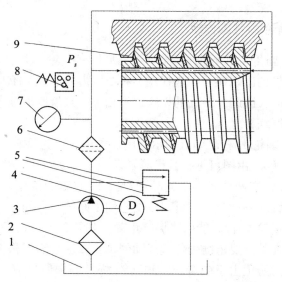

1—油箱　2—粗滤油器　3—油泵　4—电机　6—精滤油器　7—压力表
8—压力继电器　9—毛细管节流器
图 4-35　毛细管节流的恒压静压蜗杆-蜗母条

(4)有足够的轴向刚度。

(5)蜗母条能无限接长，因此运动部件的行程可以很长，不像滚珠丝杠那样受限制。

3. 静压蜗杆-蜗母条的应用

在数控机床上，静压蜗杆-蜗母条传动机构常用的传动方案有以下两种：

(1)蜗杆箱固定，蜗母条固定在运动件上。如图 4-36 所示，伺服电机 4 和进给箱 3 置于机床床身或其他部件上，并通过联轴器 2 使蜗杆轴产生旋转运动。蜗母条 1 与运动部件(如工作台)相连，以获得往复直线运动。这种传动方案常应用于龙门式铣床的移动式工作台进给驱动机构。

(2)蜗母条固定，蜗杆箱固定在运动件上。如图 4-37 所示。伺服电机 4 和进给箱 3 与蜗杆箱 5 相连，使蜗杆旋转。蜗母条固定不动，蜗杆箱与运动构件(如立柱、溜板等)相连，这样行程长度可大大超过运动件的长度。这种传动方案常应用于桥式镗铣床的桥架进给驱动机构等。

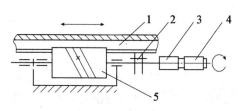

1—蜗母条　2—联轴器
3—进给箱　4—伺服电机　5—蜗杆
图 4-36　蜗杆箱固定，蜗母条移动的方案

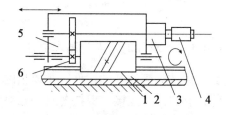

1—蜗杆　2—蜗母条　3—进给箱
4—伺服电机　5—蜗杆箱　6—变速齿轮
图 4-37　蜗母条固定，蜗杆箱移动的方案

4.3.4 双螺距蜗轮-蜗杆副传动

双螺距蜗轮-蜗杆副传动属于普通蜗轮-蜗杆副的一种特殊形式。双螺距蜗杆又称双导程蜗杆，其与普通蜗杆的区别在于：蜗杆左、右两侧齿面的螺距不相等。由于双螺距蜗杆左、右齿面的螺距不同，因此，各处的齿厚也不相等，且齿厚沿轴向逐渐增厚或减薄，故双螺距蜗杆又有变齿厚蜗杆之称。

图 4-38 为双螺距蜗轮-蜗杆副啮合的示意图。图中，I 为蜗轮，II 为蜗杆，蜗杆左侧螺距为 a，右侧螺距为 b。由图可见，其齿厚 $c''>c'>c$，而齿槽 $d''<d'<d$（齿厚也可以沿与之相反的方向改变），左、右两侧螺距 $a \neq b$。但是，与它啮合的蜗轮的所有齿的齿厚均相等。这样，当蜗杆沿轴线移动时，就可以改变它们之间的啮合间隙。在蜗杆轴向移动改变啮合间隙的过程中，蜗轮-蜗杆副能始终保持正确的啮合关系。由于双螺距蜗轮-蜗杆副具有这一特点，所以，在某些要求准确传递运动的机床，例如需严格控制并需保持一定间隙的滚齿机分度副中，为避免由于制造误差和蜗轮-蜗杆磨损所形成的过大间隙影响传动精度，广泛地应用了双螺距蜗轮-蜗杆副传动。这种机构，只用调整垫和螺母即可调整间隙，结构简单紧凑，使用方便。

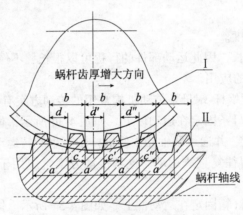

图 4-38　双螺距蜗轮-蜗杆副示意图

4.4 支承件

4.4.1 支承件的特点与基本要求

支承件是机床的基础构件，主要指的是床身、立柱、底座、工作台、横梁等大件。这些大件，有的互相连接，保持各自的相对位置；有的则沿着导轨做相对运动。各种不同类型、不同规格尺寸的机床，其支承件的作用各不相同；而同一机床上的支承件，由于在机床上所处的位置及其本身形状结构的不同，所起的作用也各不相同。

支承件上往往安置着机床的其他零、部件，机床工作时，各支承件的受力状态比较复杂，既须承受静态力，也要承受动态力。首先，它要承受重力（尤其是大型机床，其自身重量可达几十吨甚至上百吨），同时也承受摩擦力，夹紧力，还要承受切削力以及旋转件的惯性力。这些相互作用的力，沿着各支承件传递并使其产生变形，发生振动。此外，支承件的热变形会使它们的相对位置和运动轨迹受到改变。上述因素最终会影响到机床的加工精度和被加工件的表面粗糙度。

因为支承件对机床的整机性能有较大影响，所以，尽管它们的形状、尺寸、材料多种多样，功能也不尽相同，但都应满足下列基本条件：

（1）支承件应具有足够的刚度和较高的刚度——重量比。应在满足刚度的基础上，尽量节省材料，使整机设计合理。

（2）支承件应具有较好的动态特性。一方面，支承件上常常安装着其他运动部件，支承件的振动会影响这些运动部件的正常工作，从而影响机床的加工质量；另一方面，振动也是机床噪声发生的重要因素。

（3）支承件的热变形应尽量小。机床工作时，其传动件，轴承，导轨以及刀具等相对运动件的摩擦热和切削热，液压系统和冷却系统所散发的热，环境温度的变化等，都会造成支承件温度的变化，使其产生热变形，从而改变各部件之间的相互位置及其运动轨迹，影响机床的几何精度和工作精度。

（4）支承件的内应力应尽可能小。大部分支承件是铸件或焊接件，在铸造或者焊接的过程中，材料内部往往会形成内应力，引起支承件变形，这种变形同样会引起各部件之间的相互位置及其运动轨迹，影响机床的几何精度和工作精度。

（5）支承件应具有良好的制造和装配工艺性。

4.4.2　支承件的受力分析和变形分析

为了使支承件有足够的刚度，必须对其进行受力分析，计算其承受重力（包括本身的自重和工件的重量），切削力和运动部件的惯性力等各种载荷后，所产生的变形，同时分析这些力和变形对机床加工精度所造成的影响。在此基础上，才能设计出合理实用的支承件。

4.4.2.1　支承件的受力分析

1. 支承件的类型

支承件的种类和形状很多，作受力分析时可将其分为三大类：

（1）梁类件。一个方向的尺寸比另外两个方向的大得多的零件，如床身，立柱，横梁，摇臂，滑枕等。

（2）板类件。两个方向的尺寸比第三个方向的大得多的零件，如底座，工作台等。

（3）箱形件。三个方向的尺寸都差不多的零件，如箱体，尾座等。

2. 支承件的受力

机床工作时，各支承件所承受的力有：

（1）切削力。只在 x，y，z 三个方向上的切削分力，及 P_x，P_y，P_z，其中：

P_x——轴向切削力；

P_y——径向切削力；

P_z——主切削力。

（2）重力。指工件和机床部件等的重量。对于重型机床和精密机床来说，重力非常重要，必须分析。对于小型机床则可忽略之。

（3）摩擦力。移动部件和固定部件做相对运动时，导轨面间的摩擦力。

（4）惯性力。做旋转运动的部件和工件的惯性力。

（5）冲击或振动干扰力。

上述各力中，重力属于静态力，冲击或振动干扰力属于动态力。切削力，摩擦力和惯性力在计算静刚度时，可考虑其静态部分；在研究振动和爬行时，则考虑其动态部分。

下面以卧车的床身为例，对其进行受力分析。

如图 4-39 所示，可将床身看做梁类件。工件支承在主轴箱和尾座之间，尾座处于床身尾部，与顶尖的距离为 L，刀架处于床身中部，与顶尖的距离为 x。在 xz（竖直）平面内，主切削力 P_z 经刀架作用于床身，引起竖直平面内的弯矩 Mxz；在 xy（水平）平面内，径向切削力 P_y 经刀架作用于床身，引起水平面内的弯矩 M_{xy}；同时，床身上还作用有扭矩：$M_{yz} = (P_z \quad d/2) + P_y(H_1 + H_2)$；轴向切削力 P_x 对床身的影响较小，故忽略之。

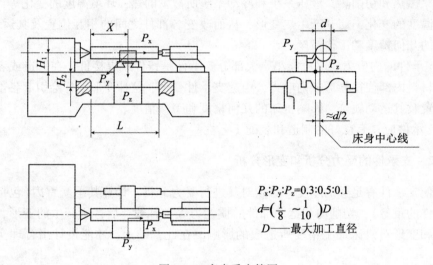

$P_x : P_y : P_z = 0.3 : 0.5 : 0.1$

$d = \left(\dfrac{1}{8} \sim \dfrac{1}{10} \right) D$

D——最大加工直径

图 4-39　床身受力简图

4.4.2.2　支承件的变形分析

支承件的变形一般有三个部分：自身变形，局部变形和接触变形。

（1）自身变形。支承件所受载荷主要有拉伸，压缩，弯曲，扭转四种，其中弯曲和扭转对加工精度的影响最大，因此，应重点考虑这两种载荷造成的变形。另外，若支承件的壁较薄，受力后还会发生截面形状的畸变。

（2）局部变形。一般发生在载荷集中的地方，特别是导轨部分和主轴的支承部位。

（3）接触变形。两个平面接触时，它们都不可能是理想平面，由于宏观的平面度误差，接触面积只是名义接触面积的一部分；又由于微观的不平，真正接触的只是一些高点。因而，支承件的接触表面会有一定的变形。

支承件在工作时的变形，可能属于上述变形中的一种，也可能是由几种变形共同组成。

卧车床身的变形主要是弯曲变形（包括在竖直和水平两个平面内的变形）和扭转变形。

弯曲变形按简支梁分析，扭转变形按固定梁分析。

在弯曲变形中，水平面内的弯曲变形对加工精度的影响比竖直面内的弯曲变形大得多，扭转变形会使刀尖在 y 轴方向偏离正确位置，对加工精度的影响也相当大。因此，应主要考虑水平面内的弯曲变形和扭转变形。这些均属于自身变形。

床身所受载荷是通过与刀架相配的导轨面施加到床身上去的，因此，导轨部分会有局部变形和导轨面上的接触变形。设计床身时，导轨不能过于单薄，否则，导轨处的局部变形会相当大。同时，还应在相对薄弱处布置筋板，以免发生截面形状的畸变。

4.4.3　支承件的结构刚度与提高其刚度的常用措施

1. 支承件的刚度

（1）自身刚度。各类支承件所受载荷不同，引起的变形也各不相同。一般来说，其在各个方向和各个平面内的弯曲和扭转是主要的，因此，支承件的自身刚度应主要考虑弯曲刚度和扭转刚度。

（2）局部刚度。局部变形发生在载荷集中的部位，因此，局部刚度主要取决于支承件承受载荷的部位的结构和尺寸。

（3）接触刚度。接触刚度 K_j 是接触面的平均压强 p 与变形 δ 之比。但接触刚度不是一个固定值。当压强很小时，两个面之间只有少数高点接触，接触刚度较低；压强较大时，这些高点产生了变形，实际接触面积扩大了接触刚度也提高了。接触刚度取决于接触面的形状、尺寸、硬度和表面粗糙度。

（4）动刚度。支承件的动态特性包括其固有频率、主振型等固有特性，由支承件的动态参数，即：质量、当量静刚度、阻尼系数等决定。按振动理论，可将支承件简化为多自由度振动系统，则支承件具有多阶固有频率和各阶相应的主振型。

设计支承件时应着重分析低阶的固有频率和主振型，因为低阶振动的振幅较大，其频率又与一般传动件的转速较接近，容易引起共振。

2. 提高支承件结构刚度的常用措施

（1）分析机床在各种不同工作条件下的薄弱环节，改善支承件的结构或布局，合理设计其截面形状，以减少所承受的弯曲载荷和扭矩。以床身为例，如图 4-40 所示。

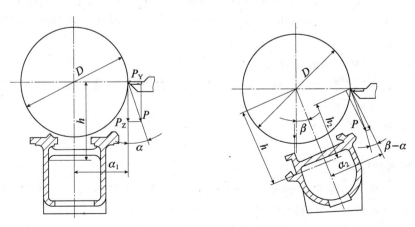

图 4-40　采用斜床身提高刚度

在不改变床身横截面积和断面惯性矩的情况下，将其改为斜床身，以改善受力条件，可大大提高其刚度。

取 $h=0.75D$，当 $\alpha=30°$，$\beta=45°$时，$M_2\approx0.3M_1$。

(2)利用计算机进行有限元法计算，有针对性地布置筋板与隔板，注意加强联结处的刚度以加强支承件的刚度，以便获得较好的重量-刚度比，即：在较小重量下具有较高的静刚度。

(3)支承件采用钢板焊接结构。长期以来，机床支承件一般均采用铸铁件，近30年来，钢板焊接结构件代替铸铁件的趋势不断扩大。一方面，钢板焊接结构便于合理布置筋板和隔板，充分发挥了其承载和抵抗变形的作用；另一方面，钢的弹性模量 E 为 $2\times10MPa$，而铸铁的弹性模量 E 仅为 $1.2\times10MPa$，两者几乎相差一倍。因此，钢结构件的刚度比铸铁件高得多。

(4)为提高机床支承件的动刚度，加强其抗振性，可适当改变支承件的固有频率和振幅。例如，在支承件某些面积较大又较薄的壁板处，可适当增加隔板和筋板，以降低薄壁振动的振幅。当支承件(如床身等)的固有频率与其上的零部件的固有频率接近时，可适当增加支承件的重量，以降低其固有频率，以免发生共振。还可用不清除铸件的砂芯，即封砂结构，利用铸铁与砂和砂与砂之间的摩擦来增大阻尼，耗散振动能量。

(5)在加强支承件本身刚度的同时，还可设计一些特殊的结构帮助加强其刚度。例如，在横梁上安装辅助梁。辅助梁的上端面设计成曲面，其形状与溜板刀架的移动轨迹相反，当溜板的特制滚轮在辅助梁上滚动时，溜板刀架的移动轨迹近似于直线，从而减小了溜板刀架移动时对横梁造成的变形。同时还可在镗杆或滑枕上安装减振器等。

以上方法常常可综合使用，既采用较合理的截面形状和尺寸，又适当增加纵、横向筋板与隔板，同时选择合适的材料等等，以获得理想的刚度和动态特性。

4.4.4 减少机床热变形的影响

4.4.4.1 机床的热变形

机床工作时，切削过程、液压系统、机械摩擦都会发热，这些热量，一部分由切屑和冷却液带走，一部分向周围散发，一部分使工件升温，一部分使机床升温。另外，春夏秋冬，四季轮回，气候使得工作环境的温度也发生着变化。热力学特性使机床产生的热变形，会影响其几何精度和工作精度，而大件的热变形往往是影响机床精度的最重要的因素之一。

4.4.4.2 减少机床热变形的措施

热变形对机床加工精度的影响往往难以由操作者修正。因此，减少数控机床热变形影响的措施应予以特别重视。

常用的措施有下列几种：

1. 改进机床布局和结构设计

(1)采用热对称结构

根据机床大件上热源的分布情况，采用合适的结构，而这种结构相对热源来说是对称的，因而可减少其对加工件精度的影响。这种热对称结构的设计思想最典型的实例是立式机床的框架式双立柱结构，如图4-41所示。这样，热变形时，主轴中心将主要产生垂直方向的变化(未计立柱后倾的影响),而双立柱结构的单向热膨胀又很容易用垂直坐标移动的修正量加以补偿。

(2)采用热平衡措施。

某些重型数控机床由于结构限制,不能采用如前所述的热对称结构时,可采用热平衡措施。如武汉重型机床厂与德国席土公司合作生产的 FB260 落地式数控铣镗床,其立柱高近 10m,导轨部分很厚,约 180mm,两侧及后部壁厚仅 22mm,热容量差别很大。当室温变化时,后部侧壁的温度与导轨温度的变化速率不同,两者温度差会造成立柱弯曲变形。为使立柱在室温变化时仍能保持温度场均匀,可在立柱后、侧壁包上一层如图 4-42 所示的隔热层。

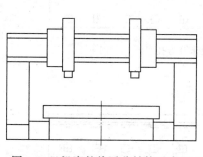

图 4-41　机床的热对称结构示意图

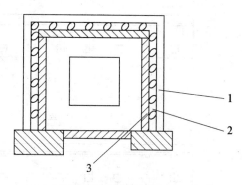

1—白铁皮　2—泡沫塑料　3—立柱

图 4-42　立柱后、侧壁热平衡隔热层

2. 控制温升

对机床发热部位(如主轴箱、静压导轨液压油等)采取散热、风冷而后液冷等控制温升的办法来吸收热源发出的热量,或在机床上配置温控箱。对切削部位则采取强冷措施,用多喷嘴、大流量冷却液来冷却并排除散发大量热量的切屑,并对冷却液用大容量循环散热或用冷却装置制冷以控制温升。

3. 热位移补偿

目前,在一些高精度的数控机床上已经采用了热变形自动补偿修正装置。可以预测热变形规律,建立数学模型存入计算机中以进行实时补偿。

4.4.5　支承件的结构设计

1. 支承件的铸件结构

当支承件是铸件时,其结构在满足使用要求的前提下,应尽量便于铸造和加工。

首先,应根据铸件的特点,避免应力集中而产生裂纹。壁厚应尽量均匀,在壁厚不可能一样厚的地方(如导轨比外壁的厚度要大得多),则应均匀过渡。避免突变,因突变处极易产生裂纹。拐角处应有圆角,圆滑过度,否则,浇铸时突拐处因传热较快首先凝固,待其他部分凝固时,在突拐处可能会产生裂纹。

铸件必须便于清砂,要注意清砂口的位置和大小,不仅便于手工清砂,还要便于水爆清砂和机械化清砂。使风枪能伸入和高压水能冲到内腔的每一个角落。大型铸件应设计起吊孔，便于起吊。铸件表面的加工面应尽量处于同一平面，以便可以一次加工，刨出或铣出该平面。

2. 支承件的焊接结构

支承件的焊接结构与铸件一样，也应充分重视应力集中现象。例如，支承件的钢导轨与壁板往往是焊接在一起的，而导轨比壁板厚得多，焊接时容易因应力集中而产生裂纹，因此，可在壁板靠近导轨的地方适当地开一些方孔，消除应力集中现象避免出现裂纹。图4-43中，图(a)未开方孔，易产生裂纹；图(b)开了方孔，避免了裂纹的出现。

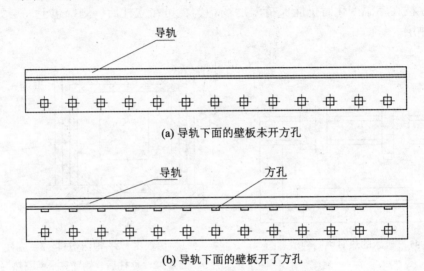

(a) 导轨下面的壁板未开方孔

(b) 导轨下面的壁板开了方孔

图 4-43　避免支承件出现焊接裂纹示例图

使用钢板焊接可以使支承件的重量轻一些，但不应过分追求减轻重量而使壁厚太薄，以防止薄壁振动采用焊接蜂窝状夹层结构，可有效地提高抗振能力，并获得较高的抗扭，抗弯刚度。另外，还可采用减振焊接结构。

3. 典型的支承件结构

(1)床身。

床身所受的载荷，有的主要是在切削力的作用下受两个方向的弯曲和扭转载荷，如车床床身；有的主要是在重力的作用下受竖直面内的弯曲载荷，如龙门刨床和龙门铣床的床身。

床身截面取决于刚度要求，导轨的安排，内部安装的零部件，排屑状况等。图4-44是几种常用的床身截面：

图(a)为前、后、顶三面封闭的卧式机床箱形床身。为了排除切屑，在导轨间开有倾斜窗口。此种截面容易制造，但刚度较低。

图(b)为前、后、底三面封闭的箱形床身，床身内空间可用于储存润滑油或切削液，也可安装驱动机构，小载荷机床常用这种床身。

图(c)为两面封闭的箱形床身，刚度较低，但便于排屑，用于对刚度要求不高的机床。

图(d)为重型机床的床身，导轨可多达4~5个。

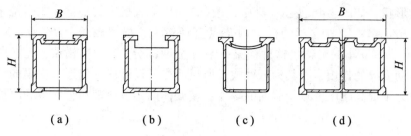

图 4-44　常用的床身截面形状

（2）立柱。

立柱是立式的床身，与卧式床身相比，不利之处是只有底部固定，属于悬臂工作状态，有利之处是不用考虑排屑，一般都可做成封闭形以较高刚度。

立柱所受载荷有的主要是弯曲载荷，如立式钻床的床身；有的需承受弯曲和扭转载荷，如铣床，镗床和立车的立柱。

立柱的截面形状主要取决于刚度要求。图 4-45 是几种常用的立柱截面：

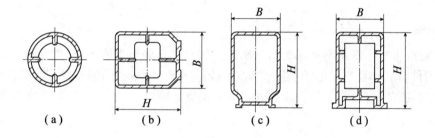

图 4-45　常用床身截面

图（a）为圆形截面，抗弯刚度较差，用于其他部件围绕其旋转及载荷不大的场合，如小型钻床。

图（b）为对称方形截面，用于受两个方向的弯曲和扭转载荷的立柱。因两个方向的尺寸基本相同，故两个方向的弯曲刚度基本相同，扭转刚度也高。镗床和滚齿机常用这种立柱。

图（c）为对称矩形截面，当弯曲载荷作用于立柱对称面，且载荷较大时，可采用这种截面。

图（d）用于双立柱机床。

（3）横梁。

横梁是许多机床的重要支承件。用于框架式机床时，与左、右立柱和底座（或床身）一起形成框架，它与立柱接触的长度一般不大，可看做两支点的简支梁。用于单柱移动式立车上，则可看做悬臂梁。横梁的受力较为复杂，横梁的自重为均布载荷，溜板和刀架的重量为可移动但大小、方向不变的集中载荷，而切削力则是大小、方向均可变的动载荷。这些载荷使横梁产生弯曲和扭转变形。横梁的变形，对机床性能影响很大。

横梁的形状,如图 4-46 所示。其中,图(a)为框架式机床的横梁,龙门铣床和龙门刨床的横梁,$H/b \approx 1$;双柱立车的横梁因花盘直径较大,横梁较长,$H/b \approx 1.5 \sim 2.2$。图(b)为单柱移动式立车的横梁,这种横梁一般分为两部分,1 为前横梁,是主体;2 为后横梁,起辅助支撑的作用,因其为悬臂式,所以后横梁设计成三角形。横梁的截面一般为封闭矩形。为了提高刚度,减少截面的畸变,横梁体内均应合理布置筋板和隔板。

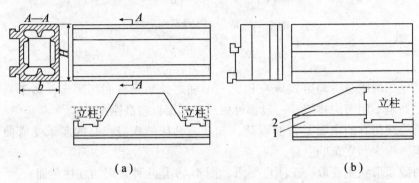

图 4-46 机床横梁结构

(4)底座。

底座对许多机床都是不可缺少的支承件,如立车用底座来固定立柱,支承工作台(花盘)和加工件。底座要有足够的刚度,其结构如图 4-47 所示,内部布置有筋板,地脚螺钉要有足够的局部刚度,与立柱相连之处也要有足够的刚度。

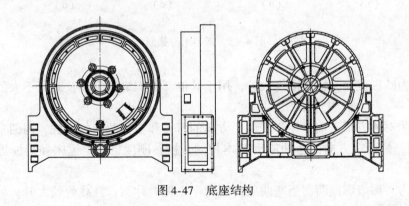

图 4-47 底座结构

4.5 其他装置

4.5.1 刀库

刀库是用来储存加工所用刀具及辅助工具的地方。在数控加工中心上必须带有刀库,以便自动换刀。

由于多数加工中心的取、送刀位置都是在刀库中的某一固定刀位，因此刀库还需要有使刀具运动及定位的机构来保证换刀的准确可靠。其动力一般是采用电动机，甚至是伺服电机，如果需要的话还要有减速机构。刀具的定位机构是用来保证要更换的每一把刀具或刀套都能准确地停在换刀位置上。其控制部分可以采用简易位置控制器或类似半闭环进给系统的伺服位置控制，也可以采用电气和机械相结合的销定位方式，一般要求综合定位精度达到 0.1～0.5mm 即可。

随着数控机床进一步向柔性化发展，或对范围广泛的工件进行中、小批加工，或根据工件工艺的要求，刀库的使用将更加广泛。

加工中心上普遍采用的刀库有盘式刀库和链式刀库。密集型的鼓轮式刀库或格子式刀库虽然占地面积小，可是由于结构的限制，很少用于单机加工中心。密集型的固定刀库目前多用于 FMS 中的集中供刀系统。

1. 盘式刀库

如图 4-48 所示，这种刀库有悬挂式，也有落地式，结构简单，应用较多，但由于刀具成环形排列，空间利用率低，因此出现将刀具在盘中采用双环或多环排列，以增加空间利用率。但这样一来刀库的外径过大，转动惯量也大，选刀时间也比较长。因此，盘式刀库一般用于刀具容量较少的刀库。

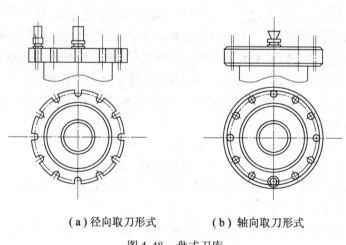

（a）径向取刀形式　　（b）轴向取刀形式

图 4-48　盘式刀库

2. 链式刀库

如图 4-49 所示，它结构紧凑，刀库容量较大，链环的形状可以根据机床的布局配置成各种形状，也可将换刀位突出以利换刀。当链式刀库需增加刀具容量时，只需增加链条的长度，在一定范围内，无需变更线速度及惯量。这种条件对系列刀库的设计与制造带来了跟大的方便，可以满足不同使用条件。一般刀具数量在 30～120 把时，多采用链式刀库。

4.5.2　换刀机械手

机械手是当主轴（或刀架）上的刀具完成一个工步后，把这一工步的刀具送回刀库，

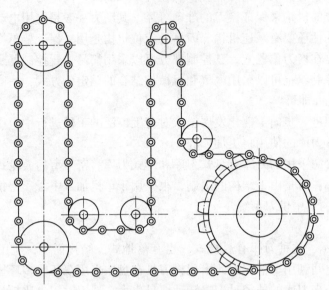

图 4-49 链式刀库示意图

并把下一工步所需用的刀具从刀库中取出装入主轴(或刀架),以便继续进行工作的功能部件。对它的要求是迅速可靠、准确协调。机械手常采用回转式单臂双手机械手。平时,当加工中心切削的时候,机械手处于主轴和刀库之间(此为机械手的原始位置);换刀时,机械手首先旋转至刀库换刀位,两只手同时分别抓住主轴及刀库中的刀柄,拔出刀具,旋转交换两刀具的位置,再将者两刀具分别插入刀套和主轴孔中,最后,逆转回到原始位置,这样,就完成了一次换刀。

由于各种加工中心的刀库与主轴(或刀架)的相对位置及形式距离的不同,所以各种加工中心相应的换刀机械手的运动过程也不尽相同。但是从手臂的类型来看,在加工中心主机上的换刀机械手用得最广泛的是回转式单臂双手的机械手。图 4-50 是常用的不同方式的回转式单臂双手机械手。

图 4-50(a)是刀库的刀具轴向与主轴轴向相同时常用的机械手的形式。当刀库把更换的刀具转到刀库的换刀位置,并且主轴也运动到换刀位置时,机械手转动 90°,同时两手分别抓住两把要交换的刀具,然后向前运动,将两把刀同时拔出,这时机械手旋转 180°,把刀分别插入刀库的刀套和主轴孔,最后机械手逆转 90°,回到开始位置,整个换刀过程结束。

图 4-50(b)是刀库的刀具轴向与主轴的轴向垂直时常用的机械手的形式。这种结构需要刀库先把要换到主轴上的新刀具翻转 90°,使新、旧两刀的轴向平行,然后再如图 4-5(a)那样进行换刀。

图 4-51 是刀库中的刀具轴向与主轴的轴向垂直时,不需刀库把刀具翻转 90°而直接换刀的机械手。换刀过程图中已有说明。之所以这种机械手可以省去一个翻刀的过程,是因为这种刀具被机械手夹持的方法不同,这种刀具在柄部有定位的孔,使得机械手只夹持住刀柄的一侧便可以抓住刀具,也有的虽需两面夹持,但刀具能从刀库中径向拔出。这种机械手结构复杂,手臂上要有一个夹紧和松开刀具的动作,同时机械手的旋转轴要准确地安

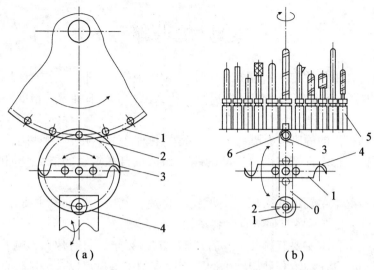

（a）

1—刀库　2—换刀位置的刀座
3—机械手　4—机床主轴

1—机床主轴　2—刀具　3—刀具　4—机械手
5—刀库　6—换刀位置的刀座

（b）

图 4-50　回转式单臂双手机械手

装成45°角。机械手的运动机构多采用传统的机械结构，如齿轮-齿条、油（汽）缸、各种凸轮及大导程的螺旋槽等，其目的是可靠而且速度快。

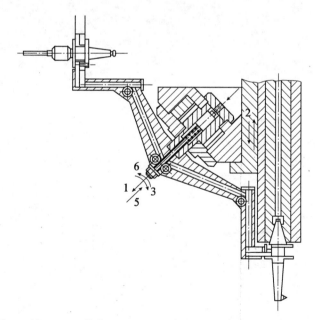

1—抓刀　2—拔刀　3—换位(180°)　4—插刀　5—松刀　6—返回原位(90°)

图 4-51　换刀机械手换刀过程

习题与思考题

1. 什么是主轴组件的旋转精度？对于两支承主轴组件，前、后支承中的滚动轴承的制造误差对主轴组件的旋转精度有何影响？为什么说，主轴前轴承的精度等级应比后轴承的高？

2. 影响主轴组件的静刚度有哪些因素？提高主轴组件静刚度有哪些途径？

3. 如何评价主轴组件抵抗受迫振动的能力和抵抗自激振动的能力？加强这些能力的途径是什么？

4. 在什么情况下主轴组件采用三支承较为合适？其中，以前、中支承为主要支承和以前、后支承为主要支承各有何特点？各适用于什么场合？

5. 主轴的技术要求主要有哪几项？若达不到这些要求，将有什么影响？

6. 简述多油楔动压轴承和静压轴承的工作原理、主要特点以及适用场合。

7. 试分析在普通车床上车削外圆柱面时，床身的变形情况，并说明其对加工精度的影响。

8. 铸铁床身和由钢板、型钢焊接的床身各有何优缺点？各应用于什么场合？

9. 何谓导轨的精度保持性？简述影响导轨精度保持性的因素。

第5章 先进制造技术简介

5.1 概述

先进制造技术 AMT(Advanced Manufacturing Technology)是近30年来国际上提出的新概念,受到世界各国尤其是工业发达国家的政府、企业界和学术界的高度重视。先进制造技术是以提高企业的综合效益为目的,以人为主体,以计算机技术为支柱,并综合应用信息、材料、能源、环保等新技术和现代管理技术来研究和改造传统的制造系统,作用于产品整个寿命周期的所有适用新技术的总称。其内容包括了工程设计、加工制造、生产管理、物流及贮存等新技术,如数控技术(NC)、计算机集成技术(CIM/CIMS)、并行工程(CE)、精益生产(LP)、智能制造(IMS)、敏捷制造(AM)、虚拟制造、快速原型制造和清洁化生产,等等。先进制造技术是在计算机技术和管理技术飞速发展的拉动下诞生和发展的,它促使制造业在产品结构、生产模式和生产过程发生了巨大的变化。

(1)产品结构正朝着先进、实用、高速、轻小、节能和环保型方向发展;

(2)生产模式朝着多品种、小批量、柔性化、生产周期短方向发展;

(3)生产过程朝着高速、精密、自动化、节能环保和少切削无切削方向发展,产品质量追求"零缺陷"。

先进制造技术在发展中是动态的,不是一成不变的,而且不断吸收各种新技术成果。它不限于加工制造过程本身,还包括市场调研、产品设计、工艺设计、加工制造、售前售后服务等产品寿命周期的所有内容。它并不摒弃传统技术,而是强调运用计算机技术、信息技术和现代管理技术等各种新科技成果去改造和充实自身,但也十分强调人的主体作用,强调人、技术和管理三者有机结合。现代制造技术还强调环境保护、追求绿色产品和清洁化生产技术,要求对资源、动力的消耗最少,对环境的污染最小,对人体危害最小,产品报废后便于回收利用。

为了赢得激烈的市场竞争,必须不断用新技术去改造制造业,使制造的产品功能适用(Function)、交货期限短(Time to Market)、质量好(Quality)、价格低(Cost),并且服务优良(Service)。企业在市场的竞争就得综合地体现在以上五个方面。

现代社会,人们追求产品的个性化、特色化和多样化。企业为了赢得市场竞争,必须加速产品更新换代,向市场提供更多品种的产品。因此现代制造业中,单件小批生产的模式越来越多,占各类机器生产的70%~85%,传统的大批大量生产模式逐渐被中小批量生产模式所取代。近30年来相继创造出了各种新的管理模式,对制造业的发展产生了革命性的影响。

5.2 成组技术 GT

5.2.1 成组技术的基本原理

企业如何摆脱多品种、小批量所造成的企业在管理和经济上的困境，并使之获得接近大批大量生产的经济效益。应用成组技术可以从根本上解决这一难题。

成组技术(Group Technology)是运用统计学的方法来统计事物的某些特征属性的出现率，从总体上定量地描述事物间客观存在的相似性，这一统计学中相似性原理是成组技术的基础。在制造业中成组技术正是充分发掘和利用生产活动中有关事物的相似性。在机械加工方面，将多种零件按其结构和工艺的相似性分类，以形成若干个零件组。这样就可将同一族零件中各分散的小生产量汇集成为大的成组生产量，从而可以使小批量获得接近大批大量的管理方式和经济效益。

当前，世界各国在成组技术中应用编码法对零件进行分组。即将各种零件的有关的结构设计和制造工艺等方面的特征信息转译为代码(数字或数字文字兼用)，根据编码对零件分类成组。将零件的有关信息代码化有助于应用计算机辅助成组工艺的编制和成组技术的实施。

我国机械工业部于 1984 年颁布了 JLBM-1 零件编码系统，推动成组技术在我国开发应用。JLBM-1 系统的结构是参照德国 OPITZ 系统而编制的，如图 5-1 所示。

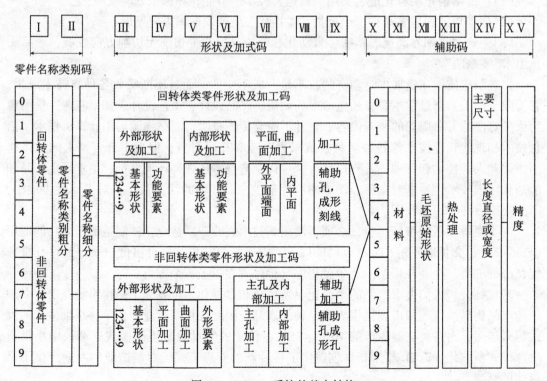

图 5-1 JLBM-1 系统的基本结构

5.2.2　成组技术的应用

1. 在设计方面

用成组技术来指导设计，赋予各类零件更大的相似性，为实施成组技术奠定了良好的基础。以成组技术为指导的设计，其合理化和标准化将为实现计算机辅助设计（CAD）奠定良好的基础，并为设计信息的重复使用、加快设计速度、节约时间做出贡献。据统计，当设计一种新产品时，往往有 3/4 以上的零件可参考借鉴或直接引用原有产品图纸。这不仅可免除设计人员在设计工作上重复劳动，也可减少工艺准备工作和降低制造费用。

2. 在制造方面

将加工方法、安装方式和机床调整相近似的零件归类成族，设计出这一族的零件的工序，称为成组工序。可使同属一族的零件采用同一种设备和同一种工艺装备来进行加工，这样不仅可以充分应用相同设备和成组工序的公用夹具（成组夹具），还可以减少机床和夹具的调整时间。将成组工序集合，可以用同一组机床来组成生产线，完成零件族成组工艺过程的加工任务。成组技术指导的工艺合理化、标准化，易于实现计算机辅助工艺过程设计（CAPP）和计算机辅助夹具设计（CAD）。

3. 生产组织管理方面

由于成组技术是按零件工艺相似性分类成族，有利于按模块化原理组织成组生产单元的组织形式。在同一生产单元内可由一组工人操作一组设备完成一个零件族的加工工艺过程。成组生产单元是以零件族为对象的专业化生产单位，它是实现计算机辅助管理的技术基础。

5.3　计算机集成制造系统（CIMS）

5.3.1　发展情况

计算机集成制造系统（Computer Integrated Manufacturing System）是 1974 年由美国人约瑟夫·哈林顿首先提出的。这一新概念的核心内容是以下两点：

（1）企业内各个生产环节从市场分析、产品设计、加工制造、经营管理到售后服务的全部生产活动是一个有机结合的整体，要作统一的全盘考虑。

（2）整个生产过程是一个数据采集、传递和加工处理的过程，产品可看成是数据的物质表现。

这一概念到 20 世纪 80 年代初被广泛重视，并形成制造业新一代的一种生产管理方式。从 20 世纪 70 年代开始市场发生了重大变化，由于科技的飞速发展和市场需求的多样化相互作用，促使传统的相对稳定的市场变成动态的多变的市场。具体表现在产品更新换代的时间越来越短，加速了从科技发展到应用的竞争；产品的品种、规格、型号日益增多；市场围绕品种，质量、价格、交货期、服务五大要素竞争越来越激烈。企业必须寻求一种新的生产管理方式来适应市场的变化。

从 20 世纪 80 年代开始，一些工业发达国家的政府，如美国、日本和欧洲共同体的成员国，都把 CIMS 作为科学技术发展的战略目标，制定各种计划、规划，建立国家级实验研究基地积极推进这一新的生产方式的发展。我国在 1987 年开始实施的"高科技研究发展计划纲要"中也列入了 CIMS 方面的课题，一些高等院校和研究院所与企业相结合也开展了 CIMS 有关的研究项目，并取得了一些成果。

5.3.2　计算机集成制造系统的构成及功能

CIMS 是在自动化技术、信息技术和制造技术的基础上，通过计算机及通信网络将企业内部全部生产活动中各种分散的自动化单元有机地集合起来，实现以信息为特征的高度集成技术，是一种适应于多品种小批量生产方式实现总体高效益的、高柔性的智能化系统。

从功能角度看，CIMS 包含制造企业的设计、制造、质量控制和经营管理 4 个功能并以分布式数据库、通讯网络及指导集成的系统作为支撑环境，如图 5-2 所示。

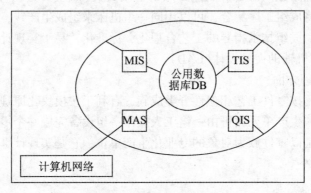

图 5-2　CIMS 的各功能块

1. 设计功能

在 CIMS 中，其设计功能有 CAD、CAE、CAPP 和 CAM。这里的 CAD 不是孤立的，而是内部及外部密切关联并带反馈的 CAD，还包括产品的专家系统及仿真技术。CAE 即计算机辅助工程分析，它可对零部件的机械应力，热应力进行有限元分析以及考虑到成本等因素的优化设计。CAPP 即计算机辅助工艺规程设计，它以派生式或创成式等 CAPP 来实现工艺编程。CAM 的功能是按零件的形状及 CAPP 生成的工艺转换为 NC 代码，再进行刀具补偿等因素的后置处理。在 CIMS 系统中可将 CAD/CAPP/CAM 局部地集合起来。

2. 加工制造功能

按照 NC 代码将毛坯加工成合格零件并装配成产品。在这里物料流动与信息交汇，由计算机及其网络将制造现场的信息进行初步处理后反馈到相关部门。加工制造系统由加工工作站、物料输送及贮存工作站、检验工作站、刀具管理工作站和装配工作站组成。加工工作站主要是各类数控机床并有工业机器人配合，通过控制联网实现信息集成。物料输送及贮存工作站由自动运载小车或各种传送带及机器人实现输送物料；由立体仓库、堆垛机、装卸工作站及自动控制系统完成物料贮存。检验工作站是由数控三坐标测量机和各种自动化测试仪器并通过网络进行数据传递。刀具工作站实现刀具流的调度和管理，还包括中央刀库、换刀机器人、数据库等。装配工作站是由装有传感器的工业机器人及传送装置来实现的，应用人工智能对系统进行协调控制。

3. 计算机辅助生产管理（CAPM）

在管理方面制定年、月、周生产计划、物料供应计划（MRP）、生产平衡以及财务、仓库等各种管理；在经营方面进行市场预测及制定长期发展战略规划。

4. 质量控制系统

借助计算机集成质量信息系统（QIS）将存在于设计、制造与管理中涉及质量的有关数据进行采集、存储和评价、处理保证系统达到质量目标，QIS 为 CIMS 的总目标奠定了良好的基础。

以上 4 个主要模块集成运行是建立在系统工程理论和成组技术基础上，并以分布式数据库管理系统和 IT 网络的支持，方能达到集成的目的。

5.3.3　五层递阶控制模型

美国国家标准局自动化制造研究实验基地（AMRF）首次提出五层递阶控制模型，如图 5-3 所示。它对传统的制造管理系统按功能需求进行分析的基础上提出的，AMRF 分级控制结构由五级组成，即工厂级、车间级、单元级、工作站级和设备级。

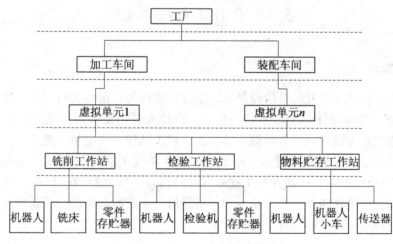

图 5-3　AMRF 分级控制结构

1. 工厂级控制系统

它是最高级控制，这一级主要功能又分为 3 个子系统：生产管理、信息管理和制造工程。生产管理的任务是制订生产计划、分配生产资源、确定追加投资、核算生产能力、汇总质量数据、向下一级发布生产指令。信息管理的任务是通过用户数据接口实施行政或经营管理功能，如成本估算、库存统计、处理用户订单、物资采购、人事及劳动工资处理。制造工程的任务是通过人机交互以 CAD 系统设计零件及其他设计文件，以 CAPP 子系统设计每个零件的工艺规程。

2. 车间级控制系统

控制和协调车间生产和辅助性工作，有两个主要管理模块：任务管理模块负责安排生产计划，把生产任务和资源分配给单元级，跟踪订单直至完成；资源分配模块负责分配单元级所需的工作站、贮存区、托盘、刀具、材料等。

3. 单元级控制系统

虚拟单元级的具体工作内容是完成任务分解和分析资源需求，安排工作站的任务并监控任务的执行情况，并向车间级报告作业情况和系统运行状态。

4. 工作站级控制系统

负责指挥和协调设备小组的生产活动，处理由物料贮运系统交来的零件托盘、零件装夹、切削加工、清除切屑、中间检验、卸工件。它与虚拟单元采用统一接口实现动态控制。

5. 设备级控制系统

它是最前沿的系统，如设备、机器人、运输小车或其他传送装置，贮存检索等控制器，还包括先进的计量检测系统，如热和运动误差的监测及修正软件、在线超声波表面粗糙度检测、在线刀具磨损检测、机床的夹紧力及变形检测。向上与工作站接口，向下与各设备控制器接口，通过各种传感器监控加工运行。

新一代的 CIMS 不再过分强调全盘自动化，而是强调以人为中心的适度自动化，强调人、技术、管理三者有机结合。

5.4　并行工程技术 CE

5.4.1　概述

长期以来，新产品开发的各阶段是呈顺序方式进行的：市场调研→产品规划→产品设计→样机试制→修改设计→工艺准备→投产。设计人员主要考虑产品的功能是否满足要求，而对制造工艺方面的问题考虑得不够全面。对多品种、小批量、更新换代快的产品这样顺序设计模式显然不能满足要求。在 20 世纪 80 年代末期并行工程（Concurrent Engineering）技术就应运而生。所谓并行工程亦称并行设计，它并行地进行产品设计、工艺设计和生产准备。这是伴随着计算机技术和网络通信技术发展起来的一门新技术，目前市场上大多数 CAD/CAM 软件都具有支持并行工程技术的功能。

5.4.2　并行工程技术及其特点

所谓并行工程，就是集成地、并行地设计产品及其零部件相关各个过程的一种设计模式。它强调设计人员和其他人员协同工作，在设计开始就全面考虑产品整个生命周期中从概念形成到产品报废处理各种因素。

它有如下特点：

1. 强调团队工作(Team Work)精神的工作方式

将产品寿命周期各个方面的专家集中起来，形成一个新产品开发小组共同工作。对产品及零件从各个方面全面考虑、严格审查，力求所设计出的产品便于加工、便于装配、便于维修、便于回收，而且产品美观、价廉、质优、使用方便。所谓团队工作方式并不意味着一定要将各类专家成天待在一起工作，可在设计过程中采用定期碰头开展讨论，大家畅所欲言、对设计方案提出意见，集思广益，集中各专家的智慧，在设计定型前多次修改，以求得到最优设计。可以由设计人员单独向某方面的专家咨询或通过计算机网络开展工作，专家们使用网络进行交流，调出设计结果进行审查并及时反馈意见，如图 5-4 所示。

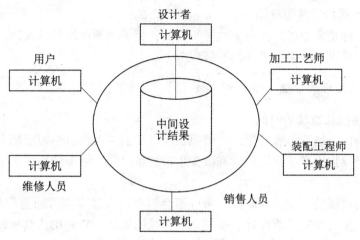

图 5-4　借助计算机网络工作方式

2. 强调设计过程的并行性

在设计阶段通过各方面专家协同考虑产品寿命周期的各个方面，在进行产品设计的同时并行完成工艺过程的设计(包括加工工艺、装配工艺和检验工艺并对设计结果进行计算机仿真)，用快速原型法生产出新产品的样机，如图 5-5 所示。

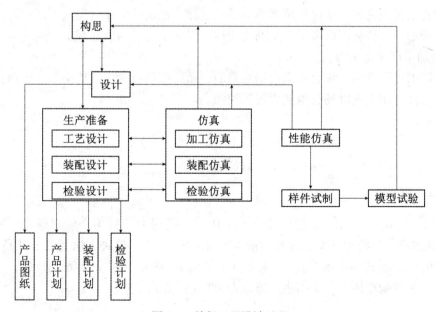

图 5-5　并行工程设计过程

3. 强调设计过程的系统性

设计、制造、管理不再是相互独立的单元，要纳入一个系统来综合考虑，在设计过程中既要拿出图纸和设计文件，同时还要拿出工艺规程以及有关质量控制、生产计划和成本核算各种管理文件。

4. 强调设计过程快速短反馈

由于设计工作是集中各方面专家共同工作的，相关问题可以及时反馈，不仅可以缩短设计时间，而且可以将错误消灭在"萌芽"状态。

5.4.3 并行工程的效益

1. 缩短产品投放市场的时间

在国际范围内市场竞争愈趋激烈的情况下，市场的发展将以缩短市场交货期为主要特征，并行工程可以加快产品开发速度和减少生产准备时间，缩短产品的交货期。

2. 降低成本

因为它可将错误消灭在设计阶段，所以不会制造出废品零部件而避免浪费人力物力。并行工程一反传统的反复修改设计、反复试制样机的做法，它利用仿真软件在计算机上进行虚拟设计制造，一次性快速原型法生成样机，故使成本大为降低。

3. 提高质量

根据现代质量控制理论，产品质量首先是设计出来的，其次才是制造出来的，并不是检验出来的，检验只能挑除废品，不能提高质量。而并行工程技术，尽可能地将所有质量问题消灭在设计阶段，使设计的产品便于制造、易于维修，为追求质量的"零缺陷"打下了良好的基础。

4. 保证了产品功能的实用性

因为有销售人员，甚至包括顾客参加设计过程，在设计中充分反映了用户对产品功能和性能方面的要求，从而提高了产品的实用性，提高了用户的满意程度。

5. 增加了市场竞争力

它可以缩短交货期，快速推出适销对路的产品，而且质量好、成本低、适用性强、顾客满意，当然可使企业市场竞争能力得到加强。

5.5 准时生产(JIT)

5.5.1 概述

准时生产(Just-in-Time)是起源于日本丰田汽车公司的一种生产管理模式。其基本思想是"只在市场需要的时候就按需要的量生产所需的产品"。这种方法的核心就是追求"零库存"的生产系统(或最小库存量)，为此开发了包括"看板"在内的一系列措施，逐步形成一套独具特色的生产体系，丰田生产方式即 JIT 生产方式。

5.5.2 JIT 的目标和实施手段

1. JIT 的目标

JIT 以获取最大利润为目标，为达此目的必须着力于降低成本。大批、大量的生产类型降低成本主要是依靠加大单一品种的生产规模来实现的，但在多品种、小批量的生产情况下，这种方法行不通，JIT 生产方式是力图通过彻底杜绝浪费来达到这一目的，丰田以为一切使成本增加的因素都是浪费，其中主要的浪费是生产过剩（即库存量大）所引起的。因此，为了排除这种浪费就必须坚持"适时适量生产"、"弹性配置作业人数"以及"保证质量"。这正是实现总目标的三个子目标。

2. JIT 生产方式的基本手段

（1）适时适量生产。

适时适量生产，即"只在市场需要的时候，就按照需要的量生产所需的产品"。企业中各种产品的产量必须灵活地适应市场的需求变化，力争做到以销定产。不然就会导致"生产过剩"，造成人员、设备、库存、费用增加和流动资金积压。

（2）弹性配置劳动力。

降低劳动力工资亦是降低成本的一个重要方面，其措施是实现"少人化"。即是根据生产量的变动，弹性地增减生产线上的作业人数。这一方式对传统的定员定岗劳动配置是一种变革，是一种全新的劳动力配置方式。实现这种"少人化"作业方式必须将设备独特布置，以便产量增大时将工序分散；产量减少时将工序集中。这将使作业内容、作业组合以及作业顺序要适时变更，而且操作人员必须是具备多种技能的"多面手"。

（3）质量保证。

历来以为，质量和成本是一种负相关关系。即提高质量就得多花人力、物力来保证。但 JIT 却一反这一常识，它是将质量管理贯穿于每一工序来达到提高质量和降低成本的一致性。它在管理机制上采取了相应措施：①使设备或生产线在线自动检测，一旦发现生产系统异常立即自动停车（或进行自动补偿）；②将质量控制权下放到工人，操作工人发现产品或设备有问题，有权自行决策停止生产。这种管理机制可防止不良产品的出现和累积出现。这与传统的质量管理方式是完全不同的。传统的质量管理方法是在最后一道工序对产品进行检验、决定报废或返修，尽量不让生产线停止，以保证生产拍节。

除此以外，实现适时适量生产还必须使生产同步化和生产均衡化。所谓同步化即工序之间不设置仓库及时进行上下工序的转换。机加工线和装配线几乎平行生产作业。实现同步化的措施是通过"后工序领取"法，即后工序只在需要的时候到前工序领取所需加工制件，而前工序按领走的制件品种数量进行生产。装配线成为生产的出发点，生产计划只下给装配车间。所谓生产的均衡化，即是指总装配线在向前工序领取制件时，要均衡地使用各种零部件制品，为此在制订计划时就必须合理的配置人员和设备，生产均衡化是保证适时适量生产的前提条件。

5.5.3　看板管理

看板的机能是传递生产和运送的指令。JIT 的日生产计划只下达到总装生产线，用"后工序领取"法向前工序领取制件并下达生产指令是通过看板实现的，看板就相当于各工序之间、物流之间的联络神经。看板记载着生产量、加工方法、加工顺序、工时和运送量以及运送地点、运送时间、搬运工具等信息。从装配线出发逐步向前追溯，领走制件和传递指令，保证生产适时适量的进行。另外，看板可以实现目视管理。作业现场的管理人员对生产进行情况一目了然，能及时发现问题，便于采取改善对策，保证"不把不良制品送到后工序"，宁可使问题暴露全线停工，也要及时采取改善措施将问题解决，以确保产品质量。

5.6　精益生产(LP)

5.6.1　概述

20 世纪 70 年代后，日本经济崛起，使美国和西欧的市场面临严峻的考验。日本汽车工业的高速发展对日本经济的高速发展起到了火车头的作用。为了探索日本经济腾飞的奥秘，重新夺回美国制造业尤其是汽车工业的优势，1985 年由美国麻省理工学院启动了一个"国际汽车研究计划 IMVP。历时 5 年，由 116 名专家参加研究，耗资 500 万美元，走访调研了世界各地近百家汽车制造厂，最后由三名主要负责人共同出版了一本书：《改变世界的机器》。书中对精益生产方式进行了详尽的论述，认为制造业正从大批、大量生产方式向精益生产方式转变。日本经济腾飞在很大程度上正是因为他们创造出了精益生产这种新的生产方式，精益生产方式它不仅对制造业，甚至还会对人类社会产生巨大的影响。

5.6.2　精益生产的特征

精益生产的方式是由日本丰田和大野创造的，已经半个多世纪，是麻省理工学院学者们把这种生产方式称之为"精益生产"。在《改变世界的机器》一书中，从六个方面论述了精益生产的特征。

1. 以用户为"上帝"

产品要面向用户，与用户保持密切的联系，将用户纳入产品开发过程中，不间断的更新换代产品，并以尽可能短的交货期来满足用户的需求，以优良的质量、适当的价格、周到的服务来体现用户是"上帝"的精神。

2. 以"精简"为手段

在组织机构方面实行简化，去掉一切多余的人员。实现纵向减少层次、横向打破壁垒。将管理模式转变为分布式并行网络的结构，采用先进的柔性加工设备，减少生产工人的数量，采用 JIT 的物流管理，大幅减少并追求实现零库存。

3. 以人为"中心"

人是企业中一切活动的主体，应以人为"中心"，大力推行独立自主的小组化工作方式，充分发挥一线职工的积极性和创造性，使他们积极地为改进产品质量献计献策，使工人成为实现产品质量"零缺陷"的主力军。为此，企业从制度上保证职工的利益与企业的利益挂钩，企业员工享受一切福利，终生雇用，使职工有主人翁之感，爱厂如家。还不断对员工进行培训，以提高他们的技能，充分发挥职工的作用，使企业从员工身上获取更大的利益。

4. 并行设计和 Team Work 的工作方式

精益生产强调以 Team Work 的工作方式进行产品的并行设计。将企业中各部分的专业人员组成多功能的设计组来负责产品的开发，包括产品设计、工艺设计、编制预算、购置材料和工艺装备以及投产前的各项准备工作。工作组是集成各方面人员协同工作的一种有效地组织形式。

5. JIT 的供货方式

要保证最小的库存和最少的在制品数量，就必须与供货商有良好的合作关系，丰田把企业自制的配套部件分离出去，建立独立的第一层次的配套单位，丰田与协作厂互有股份，并派员工到协作厂担任高级职务，建立一种相互依存、生死与共的关系，以保证以天为时间向单位适时供货，以达到"零库存"的目的。

6. "零缺陷"的工作目标

精益生产所追求的目标不是尽可能好一些，而是追求"零缺陷"。即最低的成本、最好的质量、无废品、零库存与多样性的产品。这是一个企业无止境去追求的理论境界，促使企业永远进步、永远走在别人的前头。

5.6.3　精益生产的体系

精益生产是在计算机网络的支持下，以小组工作方式和并行工程为基础。在此基础上以全面质量管理、成组技术和准时生产为支柱所形成的管理体系，如图 5-6 所示。

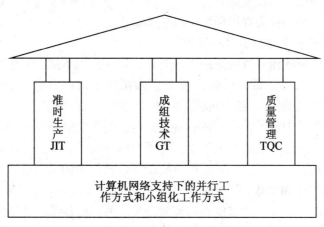

图 5-6　　精益生产体系

（1）全面质量管理，是保证产品的质量，追求实现"零缺陷"的主要措施。

（2）准时生产，是缩短生产周期，实现"零库存"降低生产成本的有效方法。

（3）成组技术，是实现多品种、小批量，按顾客订单组织生产，形成（成组）大批量的技术基础。

5.7　敏捷制造（AM）

5.7.1　概述

20 世纪 80 年代，美国制造业的优势不断丧失，为改变这一局面，重新夺回制造业的优势，美国把发展战略描向 21 世纪。20 世纪 90 年代初里海（Lehigh）大学在美国国防部的资助下，耗资 500 余万美元，工作了 1000 多个工作日，调查了百余个厂家，最终提出了《21 世纪制造企业战略》的报告，报告中首次提出了"敏捷制造的新概念"，描述了敏捷制造的未来前景，并提出采用敏捷制造的生产方式重新夺回美国制造业的优势。

敏捷制造技术(Agile Manufacturing)是将柔性的、先进的、实用的制造技术，高素质多技能的劳动者和企业内与企业间的灵活管理三者有机集成。不仅在产品质量、功能、价格上，而且在缩短交货期，保护资源以及对顾客最大满意程度等方面实现总体优化，快速响应市场多样性的需求，敏捷制造目标的实现将会是制造业的一次革命。

5.7.2 敏捷制造的特点

1. 重新发挥人的作用

人是企业一切活动的中心，充分尊重员工，充分调动人的主观能动性，使员工的利益与企业的兴衰息息相关，员工视企业为家。企业要求高素质的人才，不仅在技术技能方面，更重视极强的责任心。企业重视对职工的继续教育，使之胜任一定范围的各种工作。

2. 有良好的工作环境

环境问题是 21 世纪最重要的问题之一，敏捷制造高度重视环境问题。要保证企业内职工有良好的工作环境，工作地布置符合人机工程学原理，企业的生产过程和产品不应对社会环境造成污染，要向社会提供环保型绿色产品。

3. 并行的，柔性重构的组织管理机构

并行的工作方式是敏捷制造企业的工作方式，强调权力下放，采用团队协作的方式进行工作，并行工程不仅要求设计、生产准备、虚拟加工之间并行进行，而且强调 Team Work 小组有一定的决定能力，发现问题随时处理，可"先斩后奏"。

人员和设备柔性重构也是敏捷制造的特征之一，为了快速响应市场，敏捷地完成某一订单的生产任务，可随时将企业人员重组，为适应这一要求，人员必须具备各种技能。设备也应具有足够的柔性，其措施是采用可重新配置的模块化加工设备。

4. 基于信息高速公路的虚拟公司

为了快速响应市场需求，通过信息高速公路将产品制造涉及的各不同的公司临时组建起来成为一个统一的工商实体。虚拟公司各成员在诚信的基础上进行合作，全部合作者共享信息，各自发挥自己的功能和资源。一旦市场需求结束则虚拟公司自动解散，各成员投入另外的计划中去组成新的虚拟公司。

5. 先进的技术系统

企业应有领先的技术手段和掌握这些技术的高素质人才，有大容量的高速计算机系统，还应有覆盖全企业的高通过量(频宽)的通信网络和大容量的数据库。

另外，企业有先进的设计分析和仿真软件，可以实现产品设计时进行性能仿真和虚拟制造，并用快速原型制造生成样件，从而保证产品设计的一次性成功，缩短设计制造周期，实现快速响应市场。敏捷制造企业还有一套行之有效的质量保证体系来支持生产出"零缺陷"的产品来满足市场的需求。

6. 用户的参与

敏捷制造企业主张用户直接参入产品设计过程，用户根据自己的喜好提出设计要求，可为用户的需求定制产品。企业的整个设计、制造过程对用户都是透明的。企业对产品生命周期全过程向用户提高服务。

　　敏捷制造作为 21 世纪制造企业的新模式，传统的大批大量生产方式必将让位于并行的、精简的、灵活的多品种和小批量的生产者方式。

5.7.3　敏捷响应市场的实例

　　美国汽车公司 USM 是一家以国防部为主要用户的汽车制造企业，它向用户承诺：

　　(1)每辆汽车都可按用户要求定制；

　　(2)从订货日起三天内交出定制汽车产品；

　　(3)在整个产品生命周期给用户满意的服务，而且汽车能进行重新改造。

　　世界上任何公司都不可做到以上三点承诺，但 USM 公司做到了。

　　用户可以在家里或在销售商店里利用 USM 的软件进行计算机辅助设计，设计出自己需要的汽车。它能够生成用户构思的逼真的汽车图像和售价，并能估算出运行费用。到销售点去对自己所设计的车型订货时，用户在那里可以借助多媒体模拟装置对汽车进行不同条件下的虚拟性能试验。试验时，驾驶人员坐在可编程的座椅上，并戴上虚拟真实镜，在视野范围内不仅可以看到自己所选择的操纵板，座椅结构，车内设置和颜色，通过窗口看到前后盖板，挡泥板。还可以看到各种行驶速度下外面的景物和听到汽车在不同路况下行驶发出的声响及风声，感觉到不同路面和转弯速度下振动和惯性力的反应。用户通过模拟性能试验可以修改设计，进一步调整各种性能达到舒适和美观的程度，直至满意为止。

　　这种汽车是模块化程度很高的设计，很容易进行改造重构，更换某些模块即可更新换代，由于它有迅速重构的能力来满足迅速变化的军事挑战，能保持快速响应用户的能力来减少库存量，所以对国防部很有吸引力，产品具有极大的竞争优势。

5.8　智能制造系统 IMS

5.8.1　概述

　　智能制造系统(Intelligence Manufacturing System)是将人工智能技术融合进制造系统的各个环节，通过模拟专家的智能活动，取代或延伸应由专家来完成的那部分工作，系统具有部分专家的"智能"。系统有能力跟踪和监控自身的运动状态，能随时发现错误或预测错误的发生并及时改正或预防之。系统能够自动调整自身参数来适应外部环境使自己始终运行在最佳状态。系统具有应付外界突发事件的能力。总之，智能系统有自适应能力、自学习能力、自组织能力。

　　智能控制技术的研究是 1989 年在日本东京大学 Yoshikawa 教授倡导下，由日本工业和国际贸易部发起组织的一个国际合作研究计划，建立了有日本、美国、西欧等国参加的"智能制造研究中心"，开始进行智能制造的国际合作工作，其研究内容集中在以下五个方面：

　　(1)IMS 结构的系统化，标准化的原理和方法；

　　(2)IMS 信息的通讯网络；

(3)IMS 的最佳智能生产和控制设备；

(4)提高 IMS 设备性能的新材料的研究与应用；

(5)IMS 的社会，环境和人的因素。

IMS 的进展和应用主要取决于人工智能技术的发展，目前已经在应用上取得了一些进展。

5.8.2 智能制造系统的主要研究应用领域

1. 智能设计

将人工智能的专家系统技术引入设计领域，特别是在概念设计和工艺设计应用具有人类专家知识的专家系统进行判断和决策取得了一些进展，但仍需进一步完善。

2. 智能机器人

用于制造系统的机器人有固定式的机械手，主要完成焊接、装配和上下料等工作；还有一类是自由移动的机器人，它对智能要求更高。

智能机器人一般具有下列"智能"特征：

(1)视觉功能。借助机器人的眼看东西，机器人的眼一般采用光电传感器或工业摄像机。

(2)听觉功能。借助机器人的"耳"接收声波信号，机器人的"耳"一般以话筒充当。

(3)语言功能。借助机器人的"口"与操作者对话，一般采用扬声器。

(4)触觉功能。即机器人的"手"或其他触觉器官用以获取"触觉"信息，如感应片、压力传感器等。

(5)理解能力。根据接收的信息进行分析、推理、判断和决策，采用专用编程控制卡和专家系统软件及数据库等来实现。

5.8.3 人工智能功能模块的组成

人工智能的主要组成部分如图 5-7 所示，它包括规则库(知识库)、工作存储器、推理机和人机界面等四部分。其功能主要包括知识的获取，知识的符号逻辑表示，控制策略，推理演绎和机器自学习。

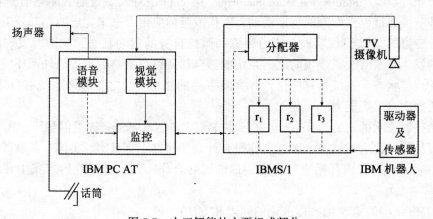

图 5-7　人工智能的主要组成部分

5.9 仿真技术和虚拟制造

5.9.1 概述

仿真技术对缩短设计周期、降低成本、提高产品质量有着重大意义。仿真技术包括外形仿真、装配关系仿真，运动学仿真、其他力学特性仿真、加工过程仿真、试验过程仿真、物流仿真等。所谓仿真即是当设计方案初步拟定后，在计算机中建立产品的数学模型或工艺系统的数学模型，然后在计算机上进行各种模拟。所谓虚拟制造，除了通过信息高速公路组建虚拟公司的涵义外，另一种涵义就是仿真概念的扩充，即将计算机建模和仿真从设计和制造领域进一步扩展到生产过程管理、市场管理各方面，可以对企业的一切生产经营活动进行计算机仿真，以求整体优化效果。虚拟制造是制造系统的一次革命。

5.9.2 建模和仿真

系统建模的目的是将仿真的对象用数据模型来表示，如装配关系动画仿真要建立几何形体数学表达式；运动学仿真需要建立运动链关系的运动学方程式；动力学仿真需要建立系统动力学方程。系统建模是仿真过程最重要的一步，它涉及数学知识、计算机软硬件知识和各种专业知识。建立起完整的数学模型难度很大，它直接影响仿真的效果，应根据实际情况忽略那些对仿真结果影响很小的部分，简化模型以降低建成模型难度，提高仿真的工作效率。对于不能够完全用数学模型表达的部分，也可以用专家系统技术来建模。

仿真技术用于设计过程在制造活动中的应用已趋成熟，它包括外形仿真、装配关系仿真、运动学动态仿真、动力学仿真、性能仿真等。

(1)外形仿真。对产品(或零件)的外观造型进行仿真，研究整体布局、外观形态，各部分大小比例和色彩。主要是利用计算机的几何造型能力、上色功能、模拟光照功能和三维动态显示功能。使设计者在产品未制成之前从各个视觉观察物体，得到满意的外观效果。

(2)运动学仿真。是研究系统的运动学特性，如运动轨迹、速度、加速度等。为此，需要建立系统的运动学方程并求解数学模型，将结果在计算机屏幕上显示，若用三维动画显示则仿真效果会更为直观。

(3)动力学仿真。研究产品工作过程的动力学特性，如振动的频率、振幅、稳定性等。为此，需要建成立动力学方程，根据给定的条件求解方程，最终得到各种动力学特性。

(4)性能仿真。研究产品运行过程的各种性能特性，如精度、寿命、热变形、功耗和噪音等。为此，需要建立产品的各种性能和零部件几何参数、材料性能、表面状况之间的数学关系式，然后求解这些关系式得到系统的性能特性。

(5)装配关系仿真。是研究产品或部件装配的可行性，主要确定装配过程中零件是否发生干涉，是否存在无法装配或难以拆卸的情况。装配关系仿真主要是利用计算机的几何造型能力和三维动态显示功能，系统能模拟人执行零件的装配操作，如发现干涉或装拆困难等问题，用各种方式提示设计者。

　　仿真过程用于加工过程主要是制造车间的物流仿真和零件加工过程的仿真。零件加工过程仿真通常是在计算机上用二维或三维图形动态模拟 NC 加工过程，包括零件的装夹、刀具的移动轨迹和移动速度、材料切除率及换刀过程等。其目的是检验 NC 程序的正确性，避免刀具与零件或与夹具发生碰撞、干涉以及刀具的过切或切不足，机床是否超载等。动态模拟加工过程时，刀具切削工件的过程与实际加工过程十分相似。

5.9.3　虚拟制造

　　关于虚拟公司在敏捷制造中已述及，这里所介绍的虚拟制造是以制造系统的计算机仿真技术为前提，对设计、制造等生产过程统一建模。在产品设计阶段，实时地、并行地模拟出产品未来的制造全过程，能预测产品的性能，产品的可制造性，从而有效地、柔性灵活地组织生产，使工厂或车间布局合理，达到产品开发周期和成本的最小化，产品设计质量的最优化，生产效率的最高化。虚拟制造是仿真技术的最高阶级，虚拟制造系统能用计算机全面模拟现实制造系统的物流、信息流、能量流和资金流。虚拟制造所产生的产品是可视的虚拟产品，具有真实产品的一切特征。

　　对虚拟制造系统的主要要求有：功能上与现实产品和制造系统的一致性，结构上与现实产品和制造系统的相似性，还有系统的集成化、智能化和柔性。虚拟制造系统开发环境如图 5-8 所示。

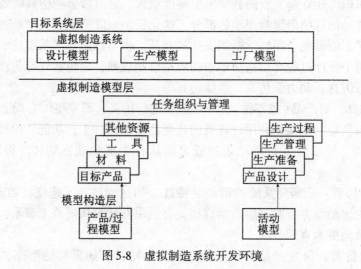

图 5-8　虚拟制造系统开发环境

5.10　产品数据管理技术(PDM)

5.10.1　概述

　　PDM(Product Data Management)，即产品数据管理，它是当今计算机应用领域的重要技术之一。产品数据管理技术是从 CAD/CAM 和工程设计领域产生出来的，自 20 世纪 80 年代中期以来，人们就初步认识到产品数据管理的作用。最初，人们以协调制图的存储和检索的文件管理方式建立系统，来跟踪以 CAD/CAM 产生的绘图；接着，加进了修订功能以便使用者能更好地管理设计变化；其后，又增加了将图形文件与产品结构中相关信息联结起来的功能。进入 20 世纪 90 年代后期，人们更进一步认识到产品数据管理的重要性，当没有现实产品数据管理系统时，数据流是十分复杂的，一些关键的数据可能存储于好几个地方，不仅使检索繁琐，而且当某处数据发生改变，难以保证其他存储处数据的一致性。另外，随着计算机技术在企业中的应用不断深入，使 CAD、CAPP、CAE、CAM、MPRⅡ也逐渐在企业中广泛应用，但这些应用多为分散孤立的单项应用，在数据交换和管理上存在着很多问题，难以达到计算机应用的最佳综合效益；而产品数据管理系统则可将上述问题获得最优化的解决方案。

企业组织的分散化使分布式系统成为计算机系统的发展方向，分布式系统是以多种计算机资源，以一定互联方式组成的开放式、多平台、可交互的合作系统。产品数据管理的内涵是集成并管理与产品有关的信息与过程，在企业范围为设计与制造建立一个并行化产品开发的协作环境。它视企业为一体，并可跨越整个工程技术群体，在分布式企业管理模式的基础上与其他应用系统建立直接联系。它强调产品信息全局共享的观点，扩大了产品开发建模的含义，它为不同地点、不同部门的人员提供了一个协同工作环境，共同在一数字化的产品模型上工作。

产品数据管理目前尚没有一个统一的定义，D. Burdick 的论述较为精辟，他给 PDM 定义为：

（1）PDM 是在企业内为设计与制造构筑一个并行化产品协作环境的关键使能器。

（2）成熟的 PDM 系统能够使所有参与创建、交流、维护设计意图的人们在整个产品生命周期中共享与产品相关的所有异构数据，包括图纸与数据化文档、CAD 文件和产品结构等。目前，由于新的制造模式的发展与应用，如 CIMS、并行工程、虚拟制造、智能制造等对信息的要求愈来愈高，信息流已先于其他物流在企业内部流动。随着敏捷制造、动态联盟的发展，信息集成化管理时代到来，大规模网络化信息分布交换与处理必将逐步实现。产品数据管理是企业计算机信息发展到一定阶段的必由之路。

作为 20 世纪末出现的新技术，PDM 继承并发展了 CIMS 等技术的核心思想，在系统工程的指导下，用整体化的观念对产品设计数据和设计过程进行描述，规范产品生命周期生过程管理，保持产品数据的一致性和连续性。PDM 的核心内容是设计数据有序化、设计过程优化和实现资源共享。PDM 技术成为企业过程重组（BPR）、并行工程、CIMS 工程和 ISO9000 质量认证等系统实施的支撑技术。

近十几年来，PDM 发展很快，据美国 CIMdata 公司调查，全球 PDM 软件和服务市场以年增长率为 30% 的速度增长，在他们调查的公司中有 48% 的企业要实施 PDM。越来越多的企业认识到使用 PDM 来组织、存取和管理设计开发及制造数据的重要性，使用 PDM 技术可以缩短产品上市时间、降低产品制造成本，提高产品质量，为企业在市场竞争中产生巨大的效益。在机械、电子、航空等产业领域，PDM 逐步得到广泛的应用。

5.10.2　产品模型数据和管理标准

在 PDM 技术快速发展中，也伴随着出现了产品模型数据交换的多种标准或规范，如 IGES、VDAIS、VDAFS、SET 等。但是这些标准规范仅适用于计算机集成生产中的各子系统传递所形成的技术图或简单的几何模型，而更为详细的设计创造信息如公差标注、材料特性、零件明细表或工作计划等信息不能完整地传送。针对以上这些问题，于 20 世纪 90 年代初，国际标准化组织（ISO）颁布了产品模型数据交换和管理的标准 STEP。它是一套系列的国际标准，其目的是在产品生存期内能为产品数据的表示与通信提供一种中性数字格式，这种数据格式能完整地表达产品信息。

产品数据的表达和描述采用 EXPRESS 语言，可对产品模型进行一致的无歧义的和完整的描述。EXPRESS 是一种面向对象结构的特殊语言，在 STEP 中的集成资源和应用协议中均采用这种语言。

虽然资源模型定义非常完善，但还需经过应用协议在应用程序中的数据交换才达到满意的结果，并须经过一致性测试。STEP 标准也相应制订了一致性的测试方法和框架等内容。

实践证明，*STEP* 标准在产品整个生命周期内为产品的数据表示与通信提供的这种格式能完整地准确地表达产品信息。STEP 提供了先进的数据重复的问题，这就是数据管理技术能有效解决的问题。

5.10.3　企业应用 PDM 的步骤

企业在应用 PDM 方面也需要有计划有步骤地进行。投资 PDM 软件的实施应用，需要慎重行事。一般来说，企业应用 PDM 的基本步骤如下：

1. 全面认识 PDM

在开展 PDM 系统应用的初期，企业需要对 PDM 系统进行详细的了解和学习，掌握 PDM 原理和相关内容。除此以外，企业还需要了解和自己类似的国内企业。在应用 PDM 系统方面的具体情况，以吸取他们的经验教训。对 PDM 相关的知识了解得越是详细而全面，以后的工作就越是顺利。

2. 确定企业的需求和目标

企业自身有哪些方面的问题需要解决，企业对 PDM 系统实施的期望和目标是什么应该明确。在这阶段，企业必须要对 PDM 系统有一个科学的认识，PDM 系统能够解决哪些问题，不能够解决哪些问题；哪些问题是需要从其他方面着手解决的，对这些问题需要进行充分的论证。企业需求和目标的制订，将直接影响企业的软件选型、实施以及应用。

3. 软件选型

软件选型的重要性就不用多说了，选型的结果将直接决定了企业的投资以及实施成效等至关重要的问题。

4. PDM 系统的实施

在选定了软件以后，企业就进入了 PDM 系统的实施阶段。实施又可以分为两个阶段：实施准备阶段和实施进行阶段。准备阶段需要做的工作将直接影响整个项目的实施进展，企业需要引起相当的重视。

5. 系统运行维护

在实施后期，PDM 系统就逐渐进入了正常运行阶段。PDM 系统在企业的使用过程中并不是一成不变的，还需要不断地维护和完善，企业自身的很多问题和需求是在 PDM 系统的不断完善中解决的。企业需要培养自己的人才，结合企业自身的实际需求，对 PDM

系统进行维护其至完善。在这过程中，企业对于 PDM 系统的了解将逐步深入，对于 PDM 系统的运用也将逐渐得心应手。

习题与思考题

1. 试述成组技术的基本原理和应用情况。
2. 试述 CIMS 的基本概念及其各功能模块的功能。
3. JIT 生产方式的基本思想是什么？详述 JIT 的三个目标是什么？
4. 试述并行工程的定义及其特点。
5. 试述精益生产的定义及其主要特点。
6. 何谓敏捷制造技术？敏捷制造企业应具有哪些特点？
7. 全面质量管理一般分为哪四个阶段？ISO9000 由哪 6 个标准组成？
8. 什么是智能制造系统？智能制造系统主要研究领域在哪些方面？
9. 何谓系统建模？仿真技术在制造企业中应用有哪些方面？
10. 什么是虚拟制造？

参 考 文 献

[1] 戴曙. 金属切削机床 [M]. 北京：机械工业出版社, 1996. 10.

[2] 杨荣柏. 金属切削机床—原理与设计 [M]. 武汉：华中工学院出版社, 1987. 6.

[3] 吴圣庄. 金属切削机床 [M]. 北京：机械工业出版社, 1981. 4.

[4] 上海纺织工学院, 等. 机床设计图册 [M]. 上海：上海科技出版社, 1979. 6.

[5] 《机械设计手册》编写组. 机床设计手册 [M]. 北京：机械工业出版社, 1986. 9.

[6] 毕承恩. 现代数控机床 [M]. 北京：机械工业出版社, 1991. 3.

[7] 戴曙. 金属切削机床设计 [M]. 北京：机械工业出版社, 1988. 9.

[8] 侯珍秀. 机械系统设计 [M]. 哈尔滨：哈尔滨工业大学出版社, 2001. 3.

[9] 张福润, 等. 机械制造基础（第二版） [M]. 武汉：华中科技大学出版社, 2000. 11.

[10] 冯辛安. 机械制造装备设计 [M]. 北京：机械工业出版社, 2002. 1.

[11] 林述温. 机电装备设计 [M]. 北京：机械工业出版社, 2002. 4.

[12] 王启义. 机械制造装备设计 [M]. 北京：冶金工业出版社, 2002. 4.

[13] 赵永成. 机械制造装备设计 [M]. 北京：中国铁道出版社, 2002. 7.

[14] 《金属切削机床设计》编写组. 金属切削机床设计 [M]. 上海：上海科技出版社, 1985. 5.

[15] 张根保、王时龙, 等. 先进制造技术 [M]. 重庆：重庆大学出版社, 1967. 7.

[16] 陈定六、罗亚波, 等. 虚拟制造 [M]. 北京：机械工业出版社, 2002.8.

[17] 张道德. 基于消息的模糊控制系统研究与设计 [M]. 武汉：湖北工学院硕士论文, 2001. 5.

[18] 黄梯云. 管理信息系统导论 [M]. 北京：机械工业出版社, 1995. 5.

[19] 潘兆庆、周济. 现代设计方法概论 [M]. 北京：机械工业出版社, 1991. 6.

[20] 张军. 机械加工工艺并行设计研究 [D]. 武汉：华中理工大学博士论文, 1995. 8.

[21] 石柯. 敏捷制造单元若干关键技术研究 [D]. 武汉：华中理工大学博士论文, 1999. 9.

[22] 刘忠. 柔性制造系统总体方案设计的关键技术研究 [D]. 武汉：华中科技大学博士论文, 2002. 8.

[23] 高亮. 敏捷制造中重构技术的研究 [D]. 武汉：华中科技大学博士论文, 2002. 9.

[24] 杨光友、周国柱, 等. 基于特征输入的数控车床在线编程系统 [J]. 湖北工学院学报, 1999. 3.

[25] 周国柱、张建纲，等．数控车削零件形状特征识别［J］．中国机械工程，1997．8．

[26] 张建纲、周国柱，等．基于样本经验的轴类零件 CAPP 系统研究［J］．中国机械工程，1997．8．

[27] 杨光友、周国柱，等．数控加工过程动态模拟研究［J］．中国机械工程，1996．7．

[28] 林志航、胡保生．计算机集成制造系统［M］．西安：西安交大出版社，1993．4．